装配式混凝土结构建筑实践与管理丛书

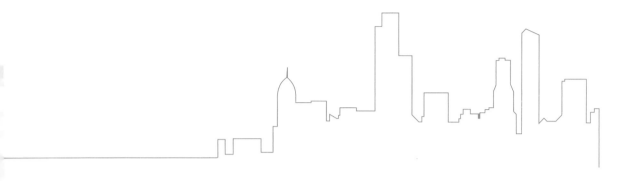

装配式混凝土建筑
——施工问题分析与对策

丛 书 主 编　郭学明
丛书副主编　许德民　张玉波

本 书 主 编　杜常岭
本书副主编　许德民　吴红兵
参　　　编　黄　鑫　韩亚明　钟志强　张玉环

机械工业出版社
CHINA MACHINE PRESS

本书以问题为导向，聚焦当前装配式混凝土建筑施工中出现的各种问题，通过扫描问题、发现问题、分析问题、解决问题和预防问题，以期为当前装配式混凝土建筑的施工人员在预制构件施工安装过程中提供全方位、立体化、专业化的综合性解决方案，从而保证装配式混凝土建筑的施工质量、效率和安全，推动装配式混凝土建筑的健康可持续发展。

本书适合于从事装配式混凝土建筑施工的技术、监理、施工及管理人员阅读，对于甲方管理人员、装配式混凝土建筑设计和构件制作人员也有很好的借鉴和参考意义。

图书在版编目（CIP）数据

装配式混凝土建筑. 施工问题分析与对策/杜常岭主编 . —北京：机械工业出版社，2020.4

（装配式混凝土结构建筑实践与管理丛书）

ISBN 978-7-111-65110-9

Ⅰ.①装… Ⅱ.①杜… Ⅲ.①装配式混凝土结构–建筑施工–问题解答

Ⅳ.①TU37-44

中国版本图书馆 CIP 数据核字（2020）第 044583 号

机械工业出版社（北京市百万庄大街 22 号 邮政编码 100037）

策划编辑：薛俊高 责任编辑：薛俊高 刘 晨

责任校对：刘时光 封面设计：张 静

责任印制：孙 炜

北京联兴盛业印刷股份有限公司印刷

2020 年 4 月第 1 版第 1 次印刷

184mm×260mm · 13.25 印张 · 316 千字

标准书号：ISBN 978-7-111-65110-9

定价：79.00 元

电话服务　　　　　　　网络服务

客服电话：010-88361066　机 工 官 网：www.cmpbook.com

　　　　　010-88379833　机 工 官 博：weibo.com/cmp1952

　　　　　010-68326294　金 书 网：www.golden-book.com

封底无防伪标均为盗版　机工教育服务网：www.cmpedu.com

序

　　"装配式混凝土结构建筑实践与管理丛书"是机械工业出版社策划、出版的一套关于当前装配式混凝土建筑发展中所面临的政策、设计、技术、施工和管理问题的全方位、立体化的大型综合丛书，其中已出版的 16 本（四个系列）中，有 8 本（两个系列）已入选了"'十三五'国家重点出版物出版规划项目"，本次的"问题分析与对策"系列为该套丛书的最后一个系列，即以聚焦问题、分析问题、解决问题，并为读者提供立体化、综合性解决方案为目的的专家门诊式定向服务系列。

　　我在组织这个系列的作者团队时，特别注重三点：

　　1. 有丰富的实际经验

　　2. 有敏感的问题意识

　　3. 能给出预防和解决问题的办法

　　据此，我邀请了 20 多位在装配式混凝土建筑行业有多年管理和技术实践经验的专家、行家编写了这个系列。

　　本系列书不系统地介绍装配式建筑知识，而是以问题为导向，围绕问题做文章。编写过程首先是扫描问题，像 CT 或核磁共振那样，对装配式混凝土建筑各个领域各个环节进行全方位扫描，每位作者都立足于自己多年管理与技术实践中遇到或看到的问题，并进行广泛调研。然后，各册书作者在该书主编的组织下，对问题进行分类，筛选出常见问题、重点问题和疑难问题，逐个分析，找出原因，特别是主要原因，清楚问题发生的所以然；判断问题的影响与危害，包括潜在的危害；给出预防问题和解决问题的具体办法或路径。

　　装配式混凝土建筑作为新事物，在大规模推广初期，出现这样那样的问题是正常的。但不能无视问题的存在，无知胆大，盲目前行；也不该一出问题就"让它去死"。以敏感的、严谨的、科学的、积极的和建设性的态度对待问题，才会减少和避免问题，才能解决问题，真正实现装配式建筑的成本、质量和效率优势，提高经济效益、社会效益和环境效益，推动装配式建筑事业的健康发展。

　　这个系列包括：《如何把成本降下来》（主编许德民）、《甲方管理问题分析与对策》（主编张岩）、《设计问题分析与对策》（主编王炳洪）、《构件制作问题分析与对策》（主编张健）、《施工问题分析与对策》（主编杜常岭），共 5 本。

　　5 位主编在管理和技术领域各有专长，但他们有一个共同点，就是心细，特别是在组织作者查找问题方面很用心。他们就怕遗漏重要问题和关键问题。

　　除了每册书建立了作者微信群外，本系列书所有 20 多位作者还建了一个大群，各册书的重要问题和疑难问题都拿到大群讨论，各个领域各个专业的作者聚在一起，每册书相当于增加了 N 个"诸葛亮"贡献经验与智慧。

我本人在选择各册书主编、确定各册书提纲、分析重点问题、研究问题对策和审改书稿方面做了一些工作，也贡献了 10 年来我所经历和看到的问题及对策。许德民先生和张玉波先生在系列书的编写过程中付出了很多的心血，做了大量组织工作和书稿修改校对工作。

出版社对这个系列也给予了相当的重视并抱有很高的期望，采用了精美的印制方式，这在技术书籍中是非常难得的。我理解这不是出于美学考虑，而是为了把问题呈现得更清楚，使读者能够对问题认识和理解得更准确。真是太好了！

这个系列对于装配式混凝土建筑领域管理和技术"老手"很有参考价值。书中所列问题你那里都没有，你放心了，吃了一枚"定心丸"；你那里有，你也放心了，有了预防和解决办法，或者对你解决问题提供了思路和启发。对"新手"而言，在学习了装配式建筑基本知识后，读读这套书，会帮助你建立问题意识，有助于你发现问题、预防问题和解决问题。

当然，问题是繁杂的、动态的；不仅是过去时，更是进行时和将来时。这套书不可能覆盖所有问题，更不可能预见未来的所有新问题。再加上我们作者团队的经验、知识和学术水平有限，有漏网之问题或给出的办法还不够好都在所难免，所以，非常欢迎读者批评与指正。

郭学明
2019 年 10 月

　　十年前我进入混凝土预制构件生产企业，从事预制构件的生产、技术和质量管理工作，七年前我创办企业，专门从事装配式建筑预制构件的制作和安装。 在这十年的从业经历中，遇到过很多施工安装方面的问题，也解决了不少实际问题，积累了一定的经验。 近几年，我有幸参与了郭学明先生担任系列丛书主编的《装配式混凝土建筑——施工安装 200问》和郭学明先生担任编委会主任的《装配式混凝土建筑口袋书——构件安装》的编写工作，并担任这两本书的主编，还参与了郭学明先生主编的《装配式混凝土建筑制作与施工》（高校教材）的编写工作。

　　本丛书主编郭学明先生本来想委托本书副主编吴红兵先生担任本书主编，但因吴红兵先生工作繁忙等个人原因，无法担任主编。 郭学明先生考虑我在装配式混凝土建筑施工安装方面接触的实际问题较多，经验较丰富，给了我第三次做主编的机会，让我担任本书主编，我深感荣幸，也倍感责任重大。 接受任务后我与本丛书副主编、本书副主编许德民先生共同商议并组建了本书的作者团队。 作者团队组建后我略感轻松，因为每一位作者在装配式混凝土建筑施工安装方面都有着较丰富的实践经验，我们有能力把施工安装的主要问题查找出来，分析问题的原因，并给出预防和解决问题的具体办法，这也是本书的宗旨。

　　郭学明先生指导、制定了本书的框架及章节提纲，给出了具体的写作指导，并对全书书稿进行了几次审改；许德民先生对全书书稿进行了多次修改和统稿，付出了很多辛苦，做了大量工作；丛书副主编张玉波先生参与了本书的校对工作。

　　许德民先生是沈阳兆寰现代建筑科技有限公司董事长、上海城业建筑构件有限公司总经理；副主编吴红兵先生是龙信建设集团有限公司第五分公司副总经理；参编黄鑫先生是辽宁精润现代建筑安装工程有限公司助理总经理；参编韩亚明先生是上海建工五建集团有限公司工程研究院副院长；参编钟志强先生是中建科技有限公司深圳分公司副总经理兼中建科技（深汕特别合作区）有限公司总经理；参编张玉环先生是辽宁精润现代建筑安装工程有限公司技术部经理。

　　本书共分 16 章。

　　第 1 章是装配式混凝土建筑施工简介。 介绍了装配式混凝土建筑的基本概念、类别、装配整体式与全装配式的区别、施工特点与流程、施工关键环节影响工期的主要因素；还介绍了施工单位与设计院和预制构件等部品部件工厂协同的内容与流程、施工组织设计重点内容、设备设施配置要点、施工技术和质量管理要点、人员配备、重要管理制度和操作规程清单。

第 2 章是施工常见问题及其预防和解决问题的思路与原则。 对装配式混凝土建筑施工常见问题进行了分类和汇总，并给出了预防和解决问题的思路与原则。

第 3 章是协同环节问题及预防措施。 举例分析了装配式混凝土建筑施工协同环节的问题，对与设计院协同常见问题、设计交底与图纸会审常见问题、与预制构件等部品部件工厂生产供货计划协同常见问题进行了梳理分析，给出了预防措施，对问题处理的程序与办法提出了建议。

第 4 章是设备、设施、工具问题及预防措施。 对设备、设施、工具问题进行了举例分析，梳理汇总了设备、设施、工具的常见问题，给出了避免设备、设施、工具问题的措施，提出了必须备用的设备、设施、工具清单。

第 5 章是预制构件入场问题及预防措施。 对预制构件入厂验收、卸车、存放问题进行了举例分析，归纳整理了预制构件入厂验收、卸车、存放常见问题的清单，并对出现问题的原因进行了分析，给出了预制构件入场验收项目、流程与方法，还给出了预制构件卸车和存放问题预防措施及预制构件直接吊装应具备的条件。

第 6 章是临时支撑问题及预防措施。 对预制构件临时支撑问题进行了举例分析，梳理汇总了临时支撑常见问题、产生的原因及危害，给出了预防问题的措施和拆除临时支撑的条件。

第 7 章是预制构件安装部位现浇混凝土问题及预防措施。 对预制构件安装部位现浇混凝土问题进行了举例分析，并对预制构件安装部位现浇混凝土常见问题进行了梳理汇总，给出了预防问题的措施和已经出现问题补救处理的流程，并分别对伸出钢筋误差过大、混凝土误差过大、混凝土强度不足等问题提出了处理办法。

第 8 章是重大问题 1——预制构件安装问题及预防措施。 对预制构件安装问题进行了举例分析，汇总并分析了预制构件常见问题的原因及危害，给出了预制构件避免安装问题的措施和处理办法，并对预制构件安装需要特别注意的几个问题提出了具体建议及做法。

第 9 章是重大问题 2——灌浆不饱满问题及预防措施。 对灌浆连接容易出现的问题进行了举例分析，梳理汇总了灌浆连接常见问题清单，指出了问题的危害及原因，给出了避免灌浆不饱满的具体措施，并对灌浆操作需要特别注意的几个问题提出了具体建议及做法。

第 10 章是重大问题 3——后浇混凝土质量问题及预防措施。 对后浇混凝土质量问题进行了举例分析，梳理汇总了后浇混凝土常见问题清单，指出了问题的危害和原因，给出了预防措施，介绍了后浇混凝土隐蔽工程验收清单、机械套筒连接作业要点、钢筋保护层厚度控制要点、模板架设要点和拆除条件、后浇混凝土养护要点，给出了防止兼作模板的外叶板胀模措施和避免混凝土强度等级错误的措施。

第 11 章是重大问题 4——预制构件预埋件预埋物预留孔洞遗漏错位处理。 列举了预制构件预埋件预埋物预留孔洞遗漏或错位的实例，指出了施工现场常见处理方法不当的危害，给出了预埋件预埋物预留孔洞遗漏或错位的补救程序和应采用的处理办法。

第 12 章是其他质量问题预防与处理措施。 对装配式混凝土建筑施工其他质量问题进行了举例，并列出了清单，对一些其他质量问题进行了分析，并给出了预防措施，包括：管线穿越预制构件常见问题、防雷引下线连接问题、密封胶作业常见问题、成品保护常见问题，介绍了灌浆料、座浆料选用、验收及保管的方法，还介绍了预制构件或装饰表面的修补措施和表面保护剂作业要点。

第 13 章是工期延误问题、原因分析与解决办法。对装配式混凝土建筑施工工期延误问题及原因进行了分析，给出了解决办法，包括：确保工期的主要措施，合同评审要点，施工计划编制内容、深度及实施要点，影响工期的变更管理要点，与预制构件工厂签订购货合同要点，预制构件生产计划、发货计划与安装计划衔接要点及缩短工期的补救措施。

第 14 章是成本问题原因分析和控制措施。对装配式混凝土建筑施工的成本增量与减量进行了分析，指出了施工安装常见的浪费现象，给出了降低成本减少浪费的措施、减少窝工的措施和提高起重设备利用率的措施。

第 15 章是常见安全问题与预防措施。对装配式混凝土建筑施工安全事故进行了举例，并梳理汇总了施工中常见的安全问题，列出了安装施工主要安全设施，给出了相关环节的防护措施和避免违章作业的措施。

第 16 章是工程验收常见问题与预防措施。列出了装配式混凝土建筑工程验收项目、质量验收档案清单和重要的试验项目；对工程验收常见问题、建档存档与交付环节常见问题、影像档案常见问题进行了分析汇总，并给出了预防问题的措施。

我作为本书主编对全书进行了初步统稿，并且是第 1 章、第 8 章、第 12 章的主要编写者；许德民先生是第 2 章、第 7 章、第 11 章的主要编写者，并对全书书稿进行了多次修改和统稿；吴红兵先生是第 14 章的主要编写者，并对全书部分章节书稿进行了校改；黄鑫先生是第 4 章、第 9 章、第 15 章的主要编写者；韩亚明先生是第 5 章、第 6 章、第 10 章的主要编写者；钟志强先生是第 13 章、第 16 章的主要编写者；张玉环先生是第 3 章的主要编写者。

感谢沈阳市城乡建设局建筑产业部部长雷云霞女士、中交浚浦建筑科技（上海）有限公司总顾问顾建安先生、上海建工五建集团有限公司副总工程师兼工程研究院院长潘峰先生、辽宁精润现代建筑安装工程有限公司预算部经理刘志航先生、广东中建新型建筑构件有限公司总经理汪源全先生、上海建工五建集团有限公司工程研究院曹刘坤先生在本书编写过程中给予的支持。

非常感谢石家庄山泰装饰工程有限公司梁晓艳女士为本书绘制了多张图纸，感谢沈阳兆寰现代建筑构件有限公司孙昊女士为本书第 11 章绘制了部分图纸。

感谢本丛书其他分册部分作者王炳洪先生、王俊先生、张晓娜女士、胡卫波先生、李营先生、高中先生、叶贤博先生对本书编写给予的指导帮助。

感谢上海联创设计集团股份有限公司在本书编写过程中给予的支持。

由于我国装配式混凝土建筑还处于起步阶段，施工安装问题是动态变化的，加之作者水平和经验有限，书中难免有不足和错误，敬请读者批评指正。

本书主编 杜常岭

▶▶▶▶ 目录
C ONTENTS

第1章
装配式混凝土建筑施工简介

本章提要

在讨论装配式混凝土建筑施工存在的问题之前，本章先介绍装配式混凝土建筑的基本概念、类别、装配整体式与全装配式的区别、施工特点与流程、施工关键环节影响工期的主要因素；还介绍施工单位与设计院和预制构件等部品部件工厂协同的内容与流程、施工组织设计重点内容、设备设施配置要点、施工技术和质量管理要点、人员配备、重要管理制度和操作规程清单。

▌1.1 什么是装配式混凝土建筑

1.1.1 装配式建筑定义

1. 常规定义

装配式建筑是指由预制部件通过可靠连接方式建造的建筑。

装配式建筑有两个主要特征：

（1）构成建筑的主要构件特别是结构构件是预制的。

（2）预制构件的连接方式必须可靠。

2. 国家标准定义

按照国家标准《装配式混凝土建筑技术标准》（GB/T 51231—2016）、《装配式钢结构建筑技术标准》（GB/T 51232—2016）、《装配式木结构建筑技术标准》（GB/T 51233—2016）的定义，装配式建筑是"结构系统、外围护系统、内装系统、设备与管线系统的主要部分采用预制部品部件集成的建筑。"

国家标准定义强调装配式建筑是 4 个系统（而不仅仅是结构系统）的主要部分采用预制部品部件集成的建筑（图 1-1）。

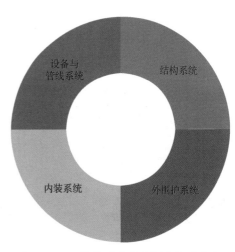

▲ 图 1-1 装配式建筑在国家标准定义里的 4 个系统

▲ 图 1-2 装配式混凝土建筑——日本大阪北浜公寓

1.1.2 装配式建筑分类

1. 按结构材料分类

装配式建筑按结构材料分类，有装配式混凝土结构建筑（图 1-2）、装配式钢结构建筑（图 1-3）、装配式木结构建筑（图 1-4）和装配式混合结构建筑（图 1-5）等。

▲ 图 1-3 装配式钢结构建筑——美国科罗拉多州空军小教堂

▲ 图 1-4 装配式木结构建筑——温哥华 UBC 大学学生公寓楼(53m)

▲ 图 1-5 装配式混合结构建筑——东京鹿岛赤坂大厦(混凝土结构与钢结构混合)

2. 按建筑高度分类

装配式建筑按高度分类，有低层装配式建筑、多层装配式建筑、高层装配式建筑和超高层装配式建筑。

3. 按结构体系分类

装配式建筑按结构体系分类，有框架结构、筒体结构、剪力墙结构、框架-剪力墙结构、框支剪力墙结构、无梁板结构、空间薄壁结构、悬索结构、预制钢筋混凝土柱厂房结构等。

1.1.3　装配式混凝土建筑定义

按照国家标准《装配式混凝土建筑技术标准》（GB/T 51231—2016）的定义，装配式混凝土建筑是指"建筑的结构系统由混凝土部件（预制构件）构成的装配式建筑。"而装配式建筑又是结构系统、外围护系统、内装系统、设备与管线系统的主要部品部件预制集成的建筑。如此，装配式混凝土建筑有两个主要特征：

（1）构成建筑结构的构件是预制混凝土构件。

（2）由4个系统——结构系统、外围护系统、内装系统、设备与管线系统的主要部品部件预制集成的建筑。

国际建筑界习惯把装配式混凝土建筑简称为PC建筑。PC是英语Precast Concrete的缩写，是预制混凝土的意思。

1.1.4　装配整体式和全装配式的区别

装配式混凝土建筑根据预制构件连接方式的不同，分为装配整体式混凝土结构和全装配混凝土结构。

1. 装配整体式混凝土结构

装配整体式混凝土结构是指预制混凝土构件通过可靠的方式进行连接并与现场后浇混凝土、水泥基灌浆料形成整体的装配式混凝土结构。简言之，装配整体式混凝土结构的连接以"湿连接"为主要方式（图1-6）。

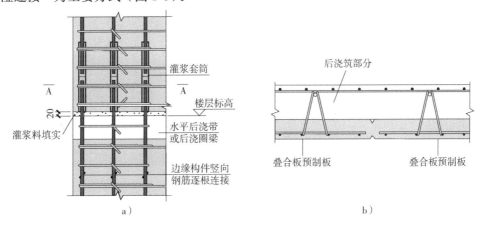

▲ 图1-6　装配整体式混凝土建筑的"湿连接"节点图

a）灌浆套筒连接节点图　b）后浇混凝土连接节点图

　　装配整体式混凝土结构具有较好的整体性和抗震性。目前，大多数高层装配式混凝土建筑都是装配整体式结构（图1-7和图1-8），有抗震要求的低层装配式建筑也多是装配整体式结构。

▲ 图 1-7　沈阳万科春河里公寓楼(中国最早的高预制率框架结构装配式混凝土建筑)

▲ 图 1-8　上海浦江保障房(国内应用范围最广泛的剪力墙结构装配式混凝土建筑)

2. 全装配式混凝土结构

　　全装配式混凝土结构是指预制混凝土构件靠干法连接（如螺栓连接、焊接等）形成整体的装配式混凝土结构（图1-9）。

▲ 图 1-9　全装配式混凝土建筑——美国凤凰城图书馆的"干连接"节点图

　　全装配式混凝土结构整体性和抗侧向作用的能力较差，不适于高层建筑。国外一些低层装配式混凝土建筑或非抗震地区的多层装配式混凝土建筑通常采用全装配式混凝土结构（图1-10）。

1.2　装配式混凝土建筑施工特点与流程

1.2.1　装配式混凝土建筑与传统建筑施工的区别

装配式混凝土建筑与传统现浇建筑施工有以下区别：

（1）现场减少了模板系统支设、钢筋绑扎和现浇混凝土作业。

（2）增加了吊装、构件连接、临时支撑、外墙打胶等作业环节。

（3）增加了灌浆作业环节，这是装配式混凝土建筑施工中最核心的环节。

（4）需要与设计单位、预制构件等部品部件工厂进行早期协同。

（5）施工管理者应具有更强烈的计划意识、定量意识、关键点意识和注重细节的意识，具备技术和管理能力。

（6）装配式混凝土建筑施工的关键工序是预制构件吊装和连接，在编写施工组织设计时须作为重点内容。

1.2.2　装配式混凝土建筑施工过程中的关键环节

装配式混凝土建筑施工的主要环节包括：

（1）预制构件进场检查。

（2）测量放线。

（3）结合面检查与处理。

（4）预制构件吊装。

（5）临时支撑搭设。

（6）外架防护。

（7）灌浆作业。

（8）后浇混凝土作业。

（9）安装缝打胶。

（10）成品保护。

装配式混凝土建筑施工的关键环节包括预制构件吊装、灌浆、临时支撑搭设和安装缝打胶等。这些环节对施工质量、施工效率和施工安全有直接和重大的影响。相关问题会在后续章节中详细阐述。

▲ 图 1-10　美国凤凰城图书馆——全装配式混凝土建筑

1.2.3　装配式混凝土建筑施工流程

装配式混凝土建筑施工流程如图 1-11 所示。

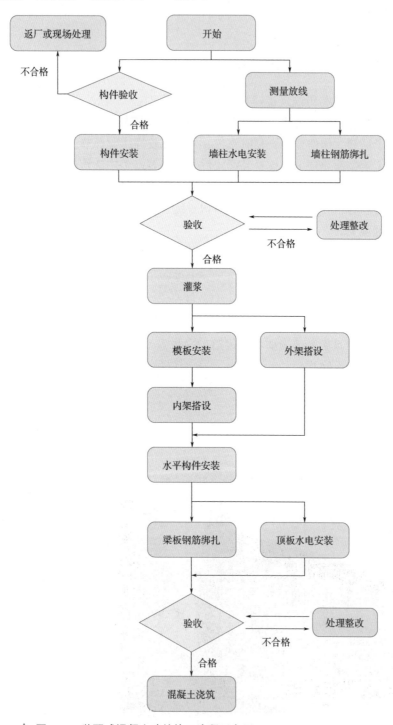

▲ 图 1-11　装配式混凝土建筑施工流程示意图

1.3　与设计院协同互动内容与流程

1. 施工单位与设计院协同互动内容

施工单位与设计院协同互动的好坏，对装配式建筑施工质量、效率、成本都有较大影响。协同互动主要有以下内容：

（1）由甲方组织，在方案设计阶段就要引入装配式建筑的概念。施工企业应当向设计者介绍装配式建筑施工的特点和相关要求。

（2）在施工图和预制构件图设计阶段，施工单位要与设计院反复互动沟通，完善和优化设计。互动沟通内容包括：

1）施工环节对预制构件形状、尺寸和重量的限制。

2）施工便利性要求，如安装连接作业空间要求等。

3）预制构件施工环节需要的预埋件不得有遗漏，包括翻转、吊装、临时支撑、标高调节、后浇混凝土模板固定、安全护栏固定、塔式起重机附着等预埋件。同时还要对预埋件设置位置、锚固方法等进行设计，避免预埋件与钢筋、套筒、箍筋干涉等。

4）预制构件上的预埋物、预留孔洞应设计齐全、准确。

（3）避免连接节点钢筋密集给安装施工作业带来影响的问题（图1-12）。

（4）在图纸会审与设计交底阶段，施工单位要根据施工要求提出完善意见。特别要检查有没有构件因伸出钢筋互相干涉而无法安装，或构件节点无法连接的情况。

（5）施工过程中如果出现无法实现设计要求的情况或认为设计存在问题，需与设计院及时沟通，由设计院给出解决方案或进行设计变更，施工单位不得擅自进行变更。

2. 施工单位与设计院协同互动时机

施工单位与设计院协同互动时机非常关键，

▲ 图 1-12　连接节点钢筋密集

通常在设计前期、施工前期、施工过程中都要进行及时详细的协同互动。

（1）设计前期，方案设计阶段施工单位就开始介入对装配式建筑施工益处很大，可以有效避免错漏碰缺。

（2）施工前期，施工方案确定阶段施工单位需要与设计院进行进一步沟通，针对一些具体的预留预埋，塔式起重机等设备选型，预制构件安装顺序等做进一步确认。

（3）施工过程中如果需对设计相关问题进行调整，需要及时与设计院沟通。

3. 技术交底

（1）在施工图完成并审查合格后，设计院在设计文件交付时，应向施工单位和监理单位进行技术交底。其目的是使施工单位和监理单位正确贯彻设计意图，加深对设计文件特点、难点、疑点的理解，掌握关键工程部位的质量要求，确保工程质量。

（2）施工前施工单位技术人员还须向施工作业人员进行详尽的技术交底。

4. 设计变更

施工单位在施工过程中发现设计错误、遗漏或需提出合理化建议时，需要及时与设计院沟通，由设计院下达设计变更，提出设计变更要求应注意以下几点：

（1）原设计确实不能保证施工质量要求，设计遗漏或确有错误以及与现场不符无法施工。

（2）工程造价增减幅度是否控制在概算的范围之内，若变更导致有可能超概算时，要慎重选定变更方案。

（3）设计变更必须明确变更原因，如工艺改变、设备选型不当等，设计者考虑需提高或降低标准、设计遗漏、设计失误或其他需要进行设计变更的原因。

1.4 与预制构件工厂协同互动内容与流程

1. 施工单位与预制构件工厂协同互动内容

装配式建筑施工单位应当与预制构件工厂密切协同，向构件厂提出施工环节对预制构件进度和质量等相关要求，以避免影响施工进度或遗漏施工环节需要的内容等。具体包括：

（1）准确的预制构件需求计划，包括发货时间及发货顺序。

（2）依据国家标准和地方标准对预制构件质量提出明确要求。

（3）预制构件制作时不得遗漏施工需要的预埋件、预留孔洞等，并保证达到质量要求。

（4）预制构件工厂技术人员应对施工人员进行相关培训，包括各种预制构件的特点、吊装注意事项、吊装需要的吊装用具、存放要求等。

（5）保证发货顺序和安装顺序一致，应尽最大努力实现预制构件在运输车上直接吊装（图 1-13）。直接吊装时，工厂装车的每个预制构件的顺序都应符合安装顺序，即先吊装的后装车，后吊装的先装车。为此，施工企业应向工厂提供每个预制构件的安装顺序，并与工厂商定在车上检验预制构件质量的项目与检查方式。

2. 图纸确认

施工单位与预制构件工厂协同对预制构件深化设计图中与施工有关的内容进行确认，可以有

▲ 图 1-13　预制构件在运输车上直接进行吊装作业

效避免预制构件制作错误，图纸确认应注意以下几点：

（1）预制构件结构标注、尺寸大小、型号的确认。

（2）预埋件及预留孔洞规格、数量、位置与尺寸大小的确认。

（3）水电线管等预埋物合理性的确认。

3. 采购协议注意要点

预制构件采购协议是施工单位和预制构件工厂承包范围与责任划分的重要文件，双方要明确以下几点：

（1）明确预制构件质量检验与验收标准。

（2）在满足预制构件生产质量的前提下，要制订精确到日的供货计划。

（3）明确供货内容，包括双方提供材料的划分。

（4）确定合理的付款方式，保证预制构件工厂有足够的生产资金，使预制构件供货及时。

1.5　与其他部品部件工厂协同互动内容与流程

1. 与其他部品部件工厂的互动内容

施工单位与其他部品部件工厂互动的具体内容如下：

（1）确认部品部件的进场时间，有些部品部件需要提前进场，否则可能会无法运至室内（图1-14）。

（2）确认主体结构完成后，方可进场的部品部件就位的可行性，要综合考虑部品部件的尺寸、重量、场内运输、吊装就位的相关要求。

（3）确定部品部件卸车、成品保护方案。

（4）明确部品部件的安装技术要求。

2. 部品部件种类、材料及规格型号的确认

（1）明确部品部件的使用功能与位置，便于选择适宜的种类与材质。

（2）根据图纸确认部品部件的尺寸、规格型号、技术要求等指标。

3. 采购协议注意要点

（1）明确部品部件质量检验与验收标准。

（2）根据设计要求制定详细的部品部件需求清单，与部品部件工厂进行确认。

（3）明确部品部件交货计划。

（4）确定合理的付款方式，保

▲ 图1-14　需要提前进场的集成卫生间

证部品部件工厂有足够的生产资金，使部品部件供应及时。

1.6　施工组织设计及实施要点

1. 施工组织设计的重点内容

（1）编制依据。

（2）工程概况及重点、难点。

（3）施工组织与人员配置。

（4）垂直运输方案及主要机械设备。

（5）施工平面布置。

（6）关键环节专项施工方案。

（7）施工进度计划。

（8）预制构件等部品部件进场计划。

（9）周转材料设备进场计划。

（10）工程质量保证措施。

（11）安全及文明生产保障措施。

2. 施工进度计划

（1）按照总体施工部署的安排进行编制。

（2）分批实施工程的开竣工日期、工期一览表。

（3）编制施工总进度计划图（图1-15）。

3. 场地布置应遵循的原则

（1）平面布置科学合理，施工场地占用面积少。

（2）合理组织运输，减少二次搬运。

（3）符合施工流程要求，减少相互干扰。

（4）充分利用既有建筑物和既有设施。

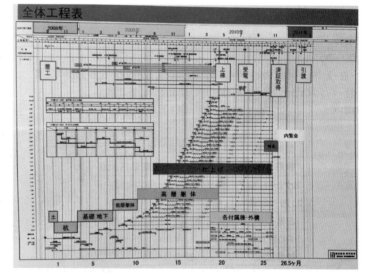

▲ 图1-15　日本某装配式项目施工总进度计划图

（5）办公区、生活区和施工区宜分离设置。

（6）符合节能、环保、安全和消防要求。

（7）符合施工现场安全文明施工的相关规定。

（8）各种临时设施应按比例绘制并标注外围尺寸，符合绘图规范要求。

（9）现场所有设施由总平面布置图表述，避免采用文字叙述的方式。

4. 关键方案的制定

对项目涉及的单位工程和主要分部分项工程所采用的施工方法应进行具体说明，包括工程量大、施工难度大、工期长、采用新型工艺与新型施工方法的相关工程。关键方案主要包括以下内容：

（1）预制构件运输吊装流程。

（2）预制构件安装顺序。

（3）预制构件进场验收。

（4）起重设备配置与布置。

（5）预制构件场内存放与运输。

（6）现浇混凝土伸出钢筋误差控制。

（7）预制构件安装测量与误差控制。

（8）预制构件吊装方案。

（9）预制构件临时支撑方案。

（10）灌浆作业方案。

（11）后浇混凝土施工方案。

（12）防雷引下线连接与防锈蚀处理方案。

（13）安装缝处理施工方案。

5. 施工组织与人员配置

（1）项目施工总目标（进度、质量、安全、文明施工、环境等）。

（2）项目分阶段（期）交付的计划。

（3）项目分阶段（期）施工的合理顺序及空间组织（施工分区，附图说明）。

（4）项目管理组织机构形式（附框图）。

（5）对项目施工中计划开发和使用的新技术、新工艺的安排。

（6）根据进度计划、工程内容、工程量，按月列出各主要工种人员数量。

1.7　设备设施工器具配置及准备要点

装配式混凝土建筑施工除了需要传统混凝土建筑的设备、设施和工器具外，还需要一些装配式建筑特有的设备、设施和工器具，同时对传统现浇混凝土建筑的施工设备，如起重设备，也有一些特殊的要求。

1.7.1　起重设备

装配式建筑工程施工的特点是起重量大、精度高。装配式建筑常用起重设备有：塔式起重机（包括平臂塔式起重机和动臂塔式起重机，图 1-16 和图 1-17）、履带式起重机、轮式起重机。

▲ 图 1-16　平臂塔式起重机

▲ 图 1-17　动臂塔式起重机

1. 塔式起重机布置原则

（1）应覆盖所有吊装作业面，塔式起重机幅度范围内所有预制构件的重量应在起重机起重量范围内。

（2）宜设置在建筑旁侧，条件不许可时，也可选择核心筒结构位置（图 1-18）。

（3）塔式起重机不能覆盖裙房时，可选用履带式起重机或轮式起重机吊装裙房预制构件（图 1-19）。

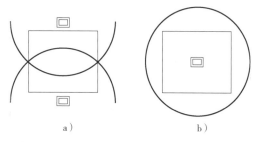

▲ 图 1-18　塔式起重机位置选择

　　a）边侧布置两部塔式起重机

　　b）中心布置一部塔式起重机

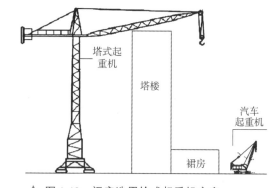

▲ 图 1-19　裙房选用轮式起重机方案

（4）尽可能覆盖临时存放场地。

（5）方便支设和拆除，满足安全要求。

（6）可以附着在主体结构上，必须保证塔式起重机的附着安全。

（7）塔式起重机的配置，可以单栋单吊，也可以多栋单吊或单栋多吊。

（8）尽量避免塔式起重机交叉作业，保证塔式起重机起重臂与其他起重机的安全距离，以及与周边建筑物的安全距离。

（9）高层建筑在采用内爬式塔式起重机时，拆除时可在屋面安装小型起重机来拆除主塔起重机。

2．起重机选用要求

为了达到安全、高效、拆装便利、施工通用等条件，起重机选用必须满足以下要求：

（1）起重量。

（2）起重幅度（图1-20）。

（3）起重高度。

（4）起升速度。

（5）作业精度。

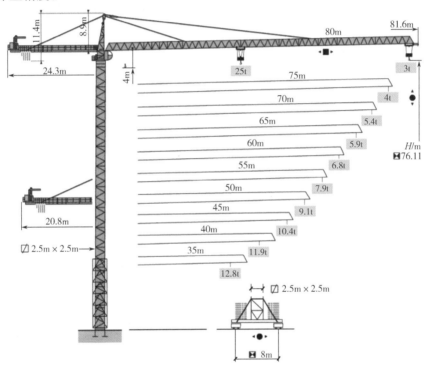

▲ 图1-20 塔式起重机起重幅度与起重量参数图

1.7.2 灌浆设备及工器具

1．灌浆料制备设备及工具

灌浆料制备设备主要为电动搅拌器；灌浆料制备工具主要有电子秤、量杯、手推车、搅拌桶、电线电缆等。

2．灌浆设备

灌浆工艺分为机械压力灌浆和手动灌浆，机械压力灌浆采用电动灌浆机（图1-21），应根据灌浆料特性、灌浆工艺要求选用注浆压力等参数符合要求的灌浆机；手动灌浆采用手动灌浆枪。手动灌浆枪与灌浆料斗也适用于补浆工艺。

3. 灌浆料拌合物流动度检测工具

灌浆料拌合物流动度检测工具主要有刻度量杯、截锥圆模、玻璃板、钢卷尺等。

4. 灌浆备用设备

灌浆作业不能因设备故障而中断，必须有备用设备保证灌浆作业的顺利进行，备用设备主要有小型发电机、备用灌浆机、搅拌器、线缆等。

▲ 图 1-21　电动灌浆机

1.7.3　吊具

预制构件吊装吊具主要分为点式吊具、梁式吊具、平面架式吊具和专用定制吊具。

1. 点式吊具

点式吊具就是用单根吊索或几根吊索吊装同一预制构件的吊具。

2. 梁式吊具（一字形吊具）

梁式吊具是采用型钢制作并带有多个吊点的吊具，通常用于吊装预制梁、预制墙板等（图 1-22）。

3. 平面架式吊具

对于平面面积较大、厚度较薄的预制构件（如叠合楼板），以及形状特殊无法用点式吊具或梁式吊具吊装的预制构件（如异型构件等），通常采用平面架式吊具（图 1-23）。

▲ 图 1-22　梁式吊具吊装预制墙板

▲ 图 1-23　平面架式吊具吊装叠合楼板

4. 专用定制吊具

为特殊预制构件量身定做的吊具。

1.7.4 支撑体系

1. 斜支撑体系

斜支撑体系主要用于柱、墙板等竖向预制构件的临时固定，由支座、调节丝杆、钢管、锁紧螺母、固定销（或螺栓）组成（图 1-24）。

▲ 图 1-24　斜支撑体系

2. 水平预制构件支撑体系

水平预制构件临时支撑有两种体系，一种是独立支撑体系（图 1-25），一种是传统满堂红脚手架体系（图 1-26）。

水平预制构件临时支撑体系主要用于楼板（叠合楼板、双 T 板、SP 板等）、阳台板、

▲ 图 1-25　水平预制构件独立支撑体系

梁、空调板、遮阳板、挑檐板等水平预制构件的临时固定。水平预制构件在施工过程中会承受较大的临时荷载，因此，保证水平预制构件临时支撑的质量和安全性就显得非常重要。

1.7.5　安全设施

装配式混凝土建筑常用的安全设施有：救生索（生命线）、防坠器、外防护架、安全绳与自锁器、楼梯临时安全防护栏、临边防护设施、安全通道等（详见本书第 15 章 15.3 节）。

▲ 图 1-26　水平预制构件满堂红脚手架体系

1.7.6　登高作业设备

登高作业设备主要用于支撑体系搭设、预制梁安装、摘除吊具等作业，主要有剪刀式升降平台（图 1-27）和人字梯（图 1-28）。最好选用玻璃钢材质的人字梯。

▲ 图 1-27　剪刀式升降平台

▲ 图 1-28　玻璃钢人字梯

1.7.7　测量及定位仪器

吊装作业前，需要利用测量及定位仪器对吊装线及吊装标高进行控制，主要包括水准仪（图 1-29）、经纬仪（图 1-30）和激光水平仪（图 1-31）等。

▲ 图 1-29　水准仪

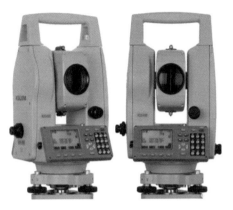

▲ 图 1-30　经纬仪

▲ 图 1-31　激光水平仪

1.8　技术与质量管理要点

装配式混凝土建筑工程施工有一些关键的质量环节，这些环节对整体结构质量有较大的影响，因此必须予以重视。

1. 现浇转换层伸出钢筋定位环节

现浇转换层伸出钢筋定位不准导致钢筋错位，上层预制墙板或预制柱就无法安装。施工现场对钢筋错位经常采用的处理办法包括：钢筋错位较小时采用机械弯曲对正的方式；错位较大且数量不多时，将错位钢筋割掉，在正确位置植筋，或将浇筑好的混凝土刨掉，将钢筋弯折至正确位置，再重新浇筑混凝土。这些处理办法不仅麻烦，影响工期，更重要的是在安全性、可靠性方面难以得到保证。所以现浇混凝土伸出钢筋时，应采用定位钢板定位伸出钢筋，以确保伸出钢筋位置准确。

2. 吊装环节

吊装环节是装配式混凝土建筑工程施工的核心工序，吊装的质量和进度将直接影响主体结构质量及整体施工进度。预制构件吊装要严格按照施工计划制定的吊装顺序进行；水平预制构件吊装前要搭设好临时支撑，预制构件就位后要及时调整预制构件位置与水平度；竖向预制构件就位后要及时搭设斜支撑，调整预制构件位置及垂直度后，立即固定斜支撑。预制构件安装完成后要及时进行灌浆等钢筋连接作业，避免受到其他环节施工的扰动。

3. 灌浆环节

灌浆质量的好坏直接影响到预制构件连接的效果及整体结构的质量和安全，如果灌浆质量出现问题，将对整体的结构质量产生致命影响。因此，灌浆作业必须严格管控，要有专职质检员及旁站监理，并且留下影像资料。同时，选用的灌浆料要符合设计要求，灌浆人员要经过严格的培训才能上岗。灌浆作业要严格执行操作规程。施工时环境温度应在 5℃ 以上，并且保证 48h 凝结硬化过程中连接部位温度不低于 10℃。灌浆后 12h 以内不得使构件和灌浆层受到振动和碰撞。

4. 后浇混凝土环节

后浇混凝土对预制构件连接也起到关键作用，要保证钢筋绑扎和模板支设规范，混凝土强度符合设计标准，浇筑振捣密实，浇筑后按规范要求进行养护等。

5. 外挂墙板连接件固定环节

外挂墙板连接件固定质量的好坏直接影响到外围护结构的安全，必须按设计及规范要求进行施工。

6. 安装缝打胶环节

外墙板安装缝打胶关系到装配式结构的防水，尤其是外挂墙板结构，板缝贯通室内外，打胶质量一旦出现问题，将产生严重的漏水事故，而且一旦漏水，很难找到漏水点，因此，打胶环节一定要使用符合设计标准的密封胶，打胶人员要经过严格的培训。

1.9 管理、技术岗位和主要技术工种

1.9.1 装配式混凝土建筑施工需配备的管理、技术人员

装配式混凝土建筑施工管理组织架构与工程性质、工程规模有关，也与施工企业的管理习惯和模式有关。图 1-32 所示为装配式混凝土建筑施工管理组织架构。

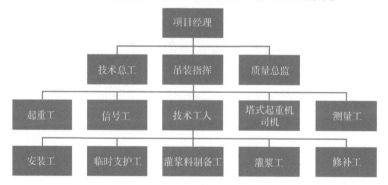

▲ 图 1-32　装配式混凝土建筑施工管理组织架构

1. 项目经理

项目经理除了具备组织施工的基本管理能力外，还应当熟悉装配式混凝土建筑的施工工艺、质量标准和安全规程，有非常强的计划意识。

2. 吊装指挥

吊装作业的指挥人员，应熟悉预制构件吊装工艺和质量要点，要有计划、组织、协调能力，安全意识、质量意识，责任心要强。

3. 技术总工

熟悉装配式混凝土建筑施工技术各个环节，负责施工技术方案及措施的制定、技术培训和现场技术问题处理等。

4. 质量总监

熟悉预制构件出厂标准、装配式混凝土建筑施工材料检验标准和施工质量标准，负责编制质量方案和检查验收规程，组织各个环节的质量检查等。

1.9.2　装配式混凝土建筑施工需配备的技术工人

与现浇混凝土建筑相比，装配式混凝土建筑施工现场作业人员有所减少，有些工种减少较多，如模板工、钢筋工、混凝土工等。

装配式作业增加了一些新工种，如信号工、起重工、安装工、灌浆料制备工、灌浆工等；还有些工种作业内容有所变化，如测量工、塔式起重机司机等。对新增工种应进行装配式混凝土建筑施工专业知识、操作规程、质量和安全等方面的培训，考试合格后方可上岗作业。国家规定的特殊工种必须持证上岗。

相关工种的基本技能与要求如下：

1. 测量工

应具有预制构件安装三维方向和角度的误差测量与控制的能力，熟悉轴线控制与界面控制的测量定位方法，确保预制构件在允许误差内安装就位。

2. 塔式起重机司机

预制构件重量较重，安装精度在几毫米以内，有些预制构件多个套筒或浆锚孔对准钢筋，要求塔式起重机司机有更精细准确吊装的能力与经验。

3. 信号工

信号工又称吊装指令工，向塔式起重机司机传递吊装信号。信号工应熟悉预制构件的安装流程和质量要求，全程指挥预制构件的起吊、降落、就位、脱钩等。该工种是保证安装质量、效率和安全的关键工种，要求技术水平过硬，并有较强的质量意识、安全意识和责任心。

4. 起重工

起重工负责吊具准备、起吊作业时挂钩、脱钩等作业，须了解各种预制构件名称及安装部位，熟悉预制构件起吊的具体操作方法和规程、安全操作规程及吊索吊具的应用等。

5. 安装工

安装工负责预制构件就位、调节标高支垫、安装节点固定等作业。要熟悉不同预制构件安装节点的固定要求，特别是外挂墙板固定节点、活动节点固定的区别；熟悉图纸和安装技术要求。

6. 临时支护工

负责预制构件支撑、施工临时设施安装等作业。应熟悉图纸及预制构件规格、型号和预制构件支护的技术要求。

7. 灌浆料制备工

灌浆料制备工负责灌浆料的搅拌制备。应熟悉灌浆料的性能要求及搅拌设备的机械性能，严格执行灌浆料的配合比及操作规程，经培训及考试合格后持证上岗，质量意识、责任心要强。

8. 灌浆工

灌浆工负责灌浆作业。应熟悉灌浆料的性能要求及灌浆设备的机械性能，严格执行灌浆操作流程及规程，经培训及考试合格后持证上岗，质量意识、责任心要强。

9. 修补工

对运输和吊装过程中预制构件磕碰缺陷进行修补，了解修补用料的配合比及各种质量缺陷的修补方法。预制构件修补也可委托预制构件工厂负责。

1.10　重要管理制度和操作规程清单

1. 重要管理制度清单

（1）预制构件等部品部件采购管理制度。

（2）预制构件等部品部件验收管理制度。

（3）安装材料采购（加工）管理制度。

（4）安装材料验收管理制度。

（5）材料存放保管领用管理制度。

（6）起重、灌浆等设备管理制度。

（7）冬、雨季吊装、灌浆、接缝防水施工管理制度。

（8）安全及文明施工管理制度。

2. 重要操作规程清单

（1）预制构件进场验收操作规程。

（2）预制构件进场卸车操作规程。

（3）预制构件存放操作规程。

（4）后浇混凝土施工操作规程。

（5）测量放线操作规程。

（6）预制柱安装操作规程。

（7）预制墙板安装操作规程。

（8）预制外挂板安装操作规程。

（9）预制凸窗安装操作规程。

（10）预制隔墙安装操作规程。

（11）预制楼梯安装操作规程。

（12）预制阳台板、空调板安装操作规程。

（13）叠合楼板安装操作规程。

（14）预制梁安装操作规程。

（15）支撑体系搭拆操作规程。

（16）灌浆作业操作规程。

（17）预制构件缝隙处理操作规程。

（18）现场修补操作规程。

（19）表面处理操作规程。

第 2 章
施工常见问题及其预防和解决问题的
思路与原则

本章提要

为了让读者对装配式混凝土建筑施工环节常见问题有个全面和系统的了解，本章对装配式混凝土建筑施工常见问题进行了分类和汇总，并给出了预防和解决问题的思路与原则。

2.1 几个严重的问题实例

1. 灌浆不饱满问题

无论是框架结构、筒体结构还是剪力墙结构，装配整体式建筑竖向构件灌浆连接是最核心的环节。按国家现行现浇混凝土相关的规范，同一个构件的钢筋在同一截面连接数量不得超过50%，装配整体式建筑的钢筋连接不仅是每个构件都在同一截面连接，而且整层楼的钢筋几乎都在同一截面连接。而灌浆连接是受力钢筋有距离的对接，完全靠灌浆料拌合物与套筒内壁或金属波纹管的摩擦力传递钢筋受力，从而形成连接（图 2-1 和图 2-2），如果灌浆不饱满（图 2-3），就会导致存在严重的结构安全隐患。灌浆不饱满的原因包括：接缝封堵不严密、灌浆压力不够、分仓过大、灌浆料膨胀度不够等。个别项目发现灌浆不饱满后，没有分析不饱满的原因和程度，也没有在灌浆料拌合物凝固前，采取清洗后重新灌浆等有

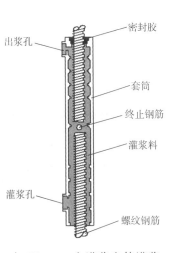

▲ 图 2-1 全灌浆套筒灌浆连接示意图

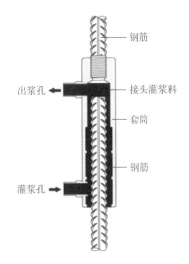

▲ 图 2-2 半灌浆套筒灌浆连接示意图

效的措施，而是在出浆孔补灌浆料，掩盖不
饱满的真相，这是一种极其不负责任的行
为，甚至是犯罪行为。

2. 堵缝条影响削弱承载力及影响保护层厚度问题

预制剪力墙灌浆缝的封堵材料目前多采
用强度为 50MPa 的座浆料，高强度座浆料凝
结速度快、初期强度增长较快，可保证灌浆
时，不易被灌浆压力冲破造成灌浆失败。有
的项目采用橡塑海绵胶条的灌浆缝封堵构造
方式（图 2-4），采用该种方式封堵可能存在以下问题：

▲ 图 2-3　灌浆料拌合物回落灌浆不饱满

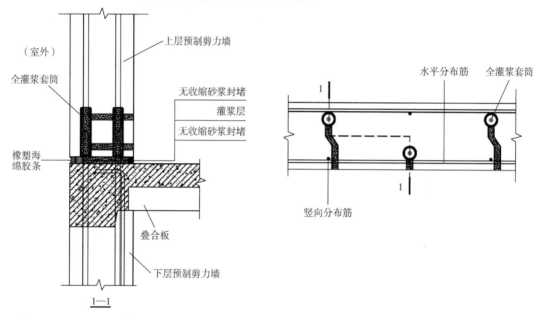

▲ 图 2-4　采用橡塑海绵胶条进行灌浆缝封堵构造示意图

（1）预制剪力墙底接缝有效截面削弱，
预留不小于 10mm 密封胶打胶深度，内衬橡
塑海绵胶条宽度 20mm，截面削弱深度超过
30mm，对结构接缝处受剪承载力削弱较大。

（2）接缝处橡塑海绵胶条距离连接钢筋
过近，钢筋混凝土保护层厚度不足，对结构
耐久性及混凝土对钢筋的握裹力造成削弱，
影响结构连接安全。

3. 现浇伸出钢筋无法连接问题

有些项目现浇转换层伸出钢筋严重错
位，且长短不一（图 2-5），导致上层预制构

▲ 图 2-5　现浇层伸出钢筋错位且长短不一

件无法安装。现场有时采用气焊烘烤弯曲或者偷偷割掉部分伸出钢筋等违规做法。气焊烘烤对受力钢筋性能产生影响，割掉部分钢筋，相当于减少了受力钢筋根数，都会产生严重的结构安全隐患。

4. 凿沟将箍筋凿断没有进行有效恢复问题

某项目预制剪力墙板线管线盒预埋遗漏，在现场凿沟埋设线管线盒时，将墙板底部灌浆套筒连接区及套筒以上 300mm 范围内水平筋加密区的加强筋切断（图 2-6），该区域设置的加强筋对提高剪力墙的抗剪能力和抗变形能力起着关键作用，是确保预制墙板抗震性能的关键措施，若不恢复连接处理到位，会留下结构安全隐患。

▲ 图 2-6　预制墙板未埋设线管，现场凿沟凿断加强筋

2.2　装配式混凝土建筑施工常见问题分类

2.2.1　按照问题造成的后果分类

1. 影响结构安全的严重质量问题

本章 2.1 节所列的四个案例都属于影响结构安全的严重质量问题。除此以外，伸出钢筋遗漏、钢筋伸出长度不够、伸出钢筋规格错误、采用植筋方式补救时植筋锚固长度达不到要求等都属于影响结构安全的严重质量问题。

2. 一般质量问题

施工环节的有些问题会导致装配式建筑的质量达不到要求。如采用了质量有问题的预制构件、构件的水平度和垂直度没有调整到位、墙板拼缝不平齐、密封防水不规范等。

3. 导致工期拖延的问题

施工环节的有些问题会导致装配式建筑的工期拖延。如与预制构件工厂协同不到位导致的预制构件进场不及时、作业人员熟练程度不够导致的作业效率低下、施工组织不当导致各环节无法实现流水作业穿插施工等。

4. 导致成本高的问题

施工环节的有些问题会导致装配式建筑成本增量过高。如预制构件没有采用直接吊装的作业方式、预制构件拆分过小导致了吊装次数增加、起重机型号选择过大导致租赁费增加、习惯性地采用满堂红支撑体系（图 2-7）导致的该减少的

▲ 图 2-7　叠合楼板满堂红支撑体系

支撑费用没有减少等。

5. 影响施工安全的问题

施工环节的有些问题会影响安全，甚至会造成安全事故及导致安全结构隐患。如支撑没有按规范要求搭设及拆除、采用不适宜或已损坏的吊装用具、隔层灌浆等。

2.2.2　按照产生问题的原因分类

1. 外部原因

（1）政策原因　有些地方的政策比较激进，同时也缺乏科学性和合理性，譬如装配率、预制率指标制定过高，导致一些不好预制、不便安装的构件也进行了预制，给施工安装带来了较大不便。

（2）标准规范原因　我国的装配式建筑还处于起步阶段，标准规范还没有形成体系，个别标准规范条款还比较审慎和保守，如叠合楼板端部需要有外露钢筋，并伸入支座等，导致安装难度加大。

（3）结构体系原因　剪力墙结构体系的预制剪力墙外墙板三边出筋、一边套筒（图 2-8），墙板左右两侧有后浇竖向边缘构件，墙板顶部有水平后浇圈梁，墙板下部需要进行灌浆连接，虽然混凝土现浇量减少了，但现浇部位多且分散，钢筋、支模和现浇混凝土施工作业反而更费工、费时。

（4）甲方原因　甲方在项目方案阶段，没有植入装配式的概念，没有与组织设计、制作和施工单位进行协同，都会造成设计不合理或预制构件种类过多，导致安装麻烦或困难。甲方不按时付款会导致窝工、停工等。

（5）设计原因　因设计协同及精细化程度不够，造成预制构件的预埋件、预埋物及预留孔洞遗漏或错位，增加了现场补救工作量和时间。因设计疏漏和错误，施工过程中进行设计变更会导致工期拖延。

▲ 图 2-8　剪力墙外墙板

设计人员没有遵循少规格、多组合的设计原则，导致预制构件种类过多；或先按现浇建筑进行设计，施工图设计完成后再进行构件拆分设计，构件种类增加的概率较大。构件种类多，单个构件的体积就相对小，同样吊一个构件的工效就低。

设计对施工方案的便利性考虑不够，预制构件连接节点尤其是柱梁体系的梁柱节点，往往出现钢筋碰撞干涉多（图 2-9）、钢筋布置密集的情况，导致安装困难，造成工期延长、费用增加，同时混凝土浇筑质量也不易保障。

（6）预制构件工厂原因　预制构件工厂送货不及时、发货错误、进场预制构件存在质量问题都会导致施工现场窝工、停工等。

2. 内部原因

（1）观念原因　目前我国装配式建筑还处于起步阶段，很多施工企业还没有树立装配式建筑的施工理念，而是沿用传统现浇建筑的施工理念来组织装配式建筑的施工，由此导致装配式建筑出现不少问题。

譬如：施工组织设计、施工计划没有根据装配式建筑的特点进行编制；与设计院及预制构件工厂的早期协同不够；图纸会审和技术交底不细致；施工准备不充分等。

（2）人员素质原因　装配式建筑在我国起步较晚，而发展速度又较快，所以装配式建筑方面的人才包括施工管理人员、监理人员、专业工人的技术水平都远远无法满足装配式建筑快速发展

▲ 图 2-9　钢筋碰撞干涉多的梁柱节点

的要求，施工单位没有有经验的管理与技术人员，又不聘请专业人员给予指导，造成装配式混凝土建筑施工的问题较多。

譬如：装配式建筑特有的吊装工、塔式起重机司机、灌浆工等由于培训不到位，技术不熟练，无法保证作业质量和效率。

（3）管理原因

1）管理制度。作业流程、操作规程和管理技术岗位的工作标准缺失或不规范、不定量、不详细，就无法指导正常的施工作业。

2）图纸会审与技术交底。装配式建筑施工前如果不组织图纸会审和设计交底，就无法事先发现设计错误、设计遗漏等问题，就会因设计方面的问题导致返工、返修，对施工效率和施工质量造成影响。

3）设备选用。装配式建筑需要的设备、设施有其特殊性，如果选择不当，就会影响施工效率，甚至无法施工。

譬如：起重机选型或者布置不当，有些预制构件就无法进行吊装；如果没有准备发电机、高压水枪等灌浆备用设备，一旦停电，灌浆作业就无法正常进行，一旦灌浆失败，就无法进行冲洗等。

4）工器具选用。装配式建筑需要一些专用的工器具。

譬如：吊装需要吊具、吊索、索具等；存放需要垫木、垫方及存放架等；灌浆料流动度和强度检测需要一些专用工器具等。

上述工器具准备不到位或者选型错误就会造成相关的作业无法进行，或者造成无法保证施工质量，甚至导致一些安全隐患和事故。

5）材料管理。如果对进场的预制构件和部品部件及材料的数量、质量验收不细，就会造成安装质量或进度出现问题。

譬如：灌浆料是装配式混凝土建筑最重要的原材料，必须选择与型式检验报告相同的，且与灌浆套筒相匹配的灌浆料，否则就有可能造成节点连接不可靠，导致结构安全隐患。

6）流水施工穿插作业。装配式建筑是结构系统、外围护系统、设备与管线系统、内装系统四个系统的集成，每个系统中又有很多作业工序。如果不能有效地组织好四个系统和各工序之间的流水作业和穿插施工，就无法发挥装配式建筑的工期优势。

2.3 装配式混凝土建筑施工常见问题汇总

表 2-1 按施工环节列出了装配式混凝土建筑施工常见的主要问题及产生的原因，表中所列问题及其他一些常见问题在后续章节中还有详细介绍。

表 2-1 装配式混凝土建筑施工常见的主要问题及原因汇总

施工环节	常见问题	产生原因
协同环节	预制构件上预埋件、预埋物、预留孔洞遗漏或错位	与设计单位没有进行早期协同或协同不够
	预制构件进场不及时、发货错误、进场构件存在质量问题	与预制构件工厂协同不够
施工准备环节	塔式起重机无法将预制构件吊至安装位置	塔式起重机选型过小或布置不合理
	塔式起重机成本过高	塔式起重机选型过大或布置过多
	施工楼层没有水源、电源	考虑不周导致遗漏
	运输车无法进场或不能到达指定位置	没有考虑预制构件运输车辆情况，道路设置不合理
	吊装用具缺失	没有根据预制构件种类和特点准备好吊具、吊索和索具
	工具材料缺失	考虑不周导致遗漏
预制构件进场环节	资料不完整，缺少合格证等关键资料	与预制构件工厂协同不够，或构件厂管理不规范
	构件存在质量问题没有被发现	检查验收不规范，缺少检查人员或工器具，或对检查项目及标准不了解
	构件卸车时车辆失衡	从一侧卸车，没有考虑车辆配载平衡
	构件卸车时损坏	卸车组织和作业不规范
预制构件存放环节	构件存放期间损坏	存放场地不满足要求，或支垫错误，或叠放层数过多，或防护不够
	构件吊装时需要二次倒运	存放位置或顺序错误
	构件存放量过大	与预制构件工厂协同不够，或工期拖延

（续）

施工环节	常见问题	产生原因
支撑体系搭设环节	过度支撑	叠合楼板还习惯采用满堂红支撑，或预制墙板采用三点斜支撑
	斜支撑失效，预制墙板倒塌	固定竖向构件斜支撑的地脚预埋方式错误
	水平支撑错误，叠合楼板坍塌	支撑不规范，或层高加高时对支撑没有加密加固
	支撑部件有变形、锈蚀、开裂等质量问题	管理不善、更新不及时
现浇混凝土环节	伸出钢筋位置错误	钢筋绑扎错误，没有采用钢筋定位模板
	伸出钢筋过长或过短	钢筋下料错误
	混凝土标高过高或过低	放线错误或施工误差过大
	混凝土强度不足	混凝土材料存在问题或振捣不密实、不进行养护或养护不规范
预制构件吊装环节	没有采取直接吊装的方式	施工组织不合理，与预制构件工厂协同不够
	构件平面位置或标高错误	未进行测量放线或放线错误
	与下层构件出现错台现象	
	吊装造成构件损坏	由于存放集中、作业范围小、作业失误等导致吊装时构件磕碰
	软带吊装小构件作业不当导致构件损坏	软带吊装没有设计位置，吊装时软带捆绑位置随意
	水平构件平整度超差	支撑体系搭设水平度不够，或吊装后没有进行二次调整
	竖向构件垂直度超差	吊装后没有进行垂直度调整，或后浇混凝土等作业对已就位的构件造成扰动
	叠合板方向安装错误	没有进行方向标记，或作业失误
	阳台钢筋锚固不牢靠	钢筋焊接质量存在问题，或钢筋错位
	梁挠度过大	构件强度不够，或存放不当，或支撑体系不合理、不牢固
	外挂墙板连接安装不规范	安装缝过小，或没有根据固定支座和活动支座的设计要求确定螺栓的紧固力矩
	外挂墙板安装节点金属连接件及其焊缝锈蚀	金属连接件的镀锌处理未达到使用期限要求，或焊接时破坏镀锌层，后续对连接件及焊缝未进行防锈蚀处理
灌浆环节	灌浆孔、出浆孔堵塞	制作、运输、存放等环节没有封闭好灌浆孔、出浆孔导管
	部分出浆孔未出浆	没有分仓或分仓过大，或出浆孔被连接钢筋挡住，或灌浆机压力不够
	接缝封堵漏浆或爆开	封堵材料、作业等不满足要求，或封堵时间短

（续）

施工环节	常见问题	产生原因
灌浆环节	灌浆不饱满	灌浆料加水过多，或灌浆压力不够，或灌浆机停机过早，或接缝封堵不严密，或分仓过大
	夹芯保温剪力墙板保温层处封堵不严导致漏浆	封堵用橡塑海绵胶条厚度不够，或接缝尺寸过大
	灌浆料拌合物流动性不好	灌浆料加水少，或搅拌不规范
	接缝缝隙过小无法进行灌浆作业	结合面混凝土标高过高，或预制构件就位时没有放置垫块
	连接钢筋保护层过小	封堵用橡塑海绵胶条过宽，或封堵作业不规范
	预制柱接缝封堵削减了受剪承载力	用座浆料封堵预制柱接缝时采用了座浆法
	雨天套筒及接缝处灌进雨水	灌浆孔出浆孔没有封堵，或接缝封堵不严实
	灌浆部位受到扰动	临时支撑拆除过早，或灌浆料没有达到一定强度时其他工序施工对灌浆部位造成扰动
	灌浆不及时导致安全隐患	隔层灌浆，甚至隔多层灌浆会导致安全隐患
后浇混凝土环节	现浇暗柱纵筋位置偏差过大	没有采取钢筋定位措施
	与预制构件钢筋连接困难	后浇混凝土钢筋绑扎不规范
	模板支设困难	预制构件上模板支设的锁模孔或预埋件遗漏，或施工空间过小
	后浇混凝土质量差	模板支设不规范，或混凝土质量存在问题，或浇筑振捣养护不规范
	混凝土强度等级错误	忽略同一后浇段内存在混凝土强度等级不同的问题
	夹芯保温板翼板断裂	没有加强翼板配筋构造或加密模板对拉螺杆设置，在现浇混凝土侧压力作用下导致翼板断裂
安装缝封堵美化环节	墙板安装缝不平齐	预制构件尺寸误差大，或安装作业不规范
	安装缝封堵不严实	密封胶及防水胶条质量不满足要求，或打胶作业不规范
其他作业环节	管线穿越预制构件错误	预留孔多，作业人员不精心
	防雷引下线不连续、防锈蚀达不到设计要求	设计遗漏或作业不规范
	预制构件表面受到污染	施工组织及作业不规范
	预制构件没有进行保护，或保护过度	未做保护设计
	装饰混凝土或清水混凝土饰面修补存在色差	没有按照要求进行修补料配置，或修补办法不当
	修补后混凝土质量达不到要求	修补混凝土质量存在问题，或修补后没有进行有效养护
检查验收环节	检查验收不及时影响工程进度	与监理协同不够或组织不当
	检查验收项目遗漏成隐患	组织不得当或责任心不强
	检查验收资料归档不完善	

2.4　预防问题的思路与原则

1. 用装配式规律指导施工

装配式建筑施工企业要转变观念，牢固树立装配式建筑的施工理念，建立与装配式建筑施工相适应的运营模式和运营体系。

2. 列出问题清单

施工单位在装配式建筑施工前将所有可能出现的问题列出清单，并提前采取预防措施，以及制定问题一旦出现的补救方案。表 2-1 所列的问题清单可供装配式施工单位参考，施工单位还应根据项目具体情况及实践经验对项目问题清单进行增减。

3. 完善规章制度

将预防问题的措施编制到工作流程、操作规程和管理技术岗位工作标准中，并作为重点组织好制度宣贯工作。

4. 提高专业素质

强化人员培训和技术队伍建设，全面掌握装配式建筑技术，尤其是吊装、灌浆、安装缝处理等装配式特有的关键环节的技术。施工单位在从事装配式建筑施工的初期，宜聘请专业的顾问公司给予技术指导和咨询服务。

5. 做好与甲方的合同评审

施工单位在与甲方签订合同前，应做好合同的评审工作，重点评审履约期限是否合理，以及是否有无法实现的技术要求和安装难点等。

6. 早期与设计进行协同

有条件的企业，尤其是采用 EPC 工程总承包模式的项目，施工单位须参加早期的设计协同，将施工需要的预留预埋等相关要求提供给设计单位，并在复杂节点设计、预制构件少规格多组合设计方面与设计单位沟通、互动，避免设计存在问题对施工造成影响。还要与设计单位协同做好图纸会审和技术交底工作，事先发现设计问题，并加以解决，避免施工错误，造成返工返修。

7. 与预制构件等部品部件工厂做好协同

与预制构件等部品部件工厂做好协同，首先应确保预制构件等部品部件的生产计划满足安装计划要求，其次要与构件厂等做好发货方面的沟通，确保预制构件等部品部件及时进场，进场的部品部件质量合格，装车顺序满足现场施工需要。

8. 做好施工前准备

做好施工前各项准备，包括施工组织设计、施工计划、专项方案制定、人员配备、设备工器具准备、材料准备等。各项准备工作须定量、细致。

2.5 解决已出现问题的思路与原则

1. 不隐瞒原则

无论是什么原因导致出现问题，都不能隐瞒，要设立问题出现后的报告流程，施工单位及时告知甲方、监理方。

2. 不自行处理的原则

有些问题技术相关性较强，出现问题可能是由多个原因造成的，有些危害可能是潜在的、长期的，所以施工单位不能自行处理。涉及结构安全问题的必须请设计单位给出处理方案。

3. 查准原因的原则

问题出现后，一定要查准问题产生的原因，施工单位自身能力有限时，可以聘请专业的机构或单位协助查找。只有查准问题产生的原因，才能制定有针对性的解决办法和以后避免类似问题的相关措施。

4. 设计单位出具补救方案的原则

处理问题的补救方案一定请设计单位给出，或者由施工单位提出补救方案，由设计单位认可并给予批准。

5. 不怕麻烦更加用心的原则

问题出现后，要正视问题，处理问题要用心，不能怕麻烦，更不能为了赶工期，草率处理已出现的问题，以防留下长久的隐患。

6. 形成处理档案的原则

对出现的问题、查找出的原因、处理的流程、补救的方案等整个问题的处理过程形成档案，以便后期查阅和对类似问题的预防。

7. 将处理方案纳入制度的原则

将处理问题的流程、方案等纳入到工作流程、操作规程和管理技术岗位工作标准中，以便类似问题出现后，有章可循。

第3章
协同环节问题及预防措施

本章提要

举例分析了装配式混凝土建筑施工协同环节的问题,对与设计院协同常见问题、设计交底与图纸会审常见问题、与预制构件等部品部件工厂生产供货计划协同常见问题进行了梳理分析,给出了预防措施,对问题处理的程序与办法提出了建议。

3.1 协同环节问题举例

1. 协同不到位导致预留预埋遗漏

某项目实施过程中,由于施工单位没有参加早期设计协同,叠合楼板就位安装后发现预埋穿管套管遗漏(图 3-1)。现场只能采取重新开洞后进行埋设的方式,增加了现场的工作量,对工期也造成了影响。开洞后还需要对洞口部位进行加强处理,如果处理不好还存在结构安全隐患。

2. 预制构件发货不及时导致停工

某项目施工单位与预制构件工厂没有进行有效协同,导致构件厂的生产计划没有满足现场安装计划的要求,已经生产且发到现场的大量叠合楼板,现场暂时还不具备安装条件(图3-2),现场急需安装的叠合楼板却没有安排生产,致使项目吊装无法正常进行,导致整个项目停工。

▲ 图 3-1 叠合板预埋穿管套管遗漏

▲ 图 3-2 现场暂时不具备安装条件的叠合楼板

3.2 与设计院协同常见问题及预防措施

3.2.1 与设计院协同常见问题

1. 协同时间存在的问题

装配式混凝土建筑在方案设计阶段，施工单位就应与设计院进行协同，将施工需要的预留预埋及施工约束条件等提资给设计院。如果采用 EPC 总承包的方式，设计、制作、施工三位一体，就具备方案阶段协同的条件。但现在大部分装配式建筑项目还没有采用 EPC 方式，通常是设计完成后，甲方才通过招标方式确定施工单位，这样施工单位错过了与设计院协同的最佳时间。

2. 观念方面存在的问题

一些施工单位缺乏装配式建筑的协作配合经验，尚未形成向设计院提资的习惯，还停留在现浇工法模式上，被动地接受施工图，没有主动参与前端设计的意识。装配式建筑是以技术集成、管理集成为一体的建造方式，传统建筑管理模式下的各自为政、各管一块的碎片化模式已不能适应装配式建筑的管理需要。

3. 协同主体存在的问题

目前，我国装配式设计有三种模式，分别是：一体化模式，即全专业全过程（含装配式）均由一家设计单位来完成的模式；顾问模式，即主体设计（方案到施工图）+装配式专项全程咨询顾问与设计模式；分离模式，即主体设计（方案到施工图）+预制构件深化设计的模式。采用一体化模式和顾问模式时，施工单位只需与主体设计单位进行协同；而采用分离模式时，施工中遇到的和装配式相关的问题，设计协同的主体有时就比较模糊，存在主体设计与预制构件深化设计两家设计单位相互推诿扯皮的现象。

4. 协同不到位产生的施工问题

施工单位与设计院没有进行协同或协同不到位，施工阶段就会出现一系列的问题，如：

（1）预制构件种类过多、重量过大或过小，影响施工效率和塔式起重机租赁成本。

（2）预制构件吨位标注遗漏或标注有误，导致塔式起重机选型和布置错误、影响塔式起重机吊装安全和效率。

（3）未标明预制构件的安装方向，导致安装错误或安装困难，影响效率。

（4）镜像预制构件设计图未分别绘制，导致部分镜像构件预埋预留方向错误，无法使用。

（5）预制构件拆分及设计不合理，有些不该预制装配的构件，如节点钢筋干涉严重的部位、穿管穿线集中的部位，也进行了预制，导致施工麻烦，容易出错，甚至钢筋干涉严重导致构件无法安装。

（6）翻转、吊装吊点遗漏或错位，导致吊装作业无法正常进行。

（7）吊装预埋件布置与预制构件出筋干涉，吊具无法安装。

（8）吊装预埋件规格大小未经承载力计算，选择错误，引发吊装施工安全事故（图3-3）。

（9）施工所需的临时支撑、后浇模板搭设、脚手架、塔式起重机附着、人货梯侧向拉结等预埋件遗漏或错位，导致后期凿改、返工；或上述预埋件与预制构件受力连接部位冲突，影响结构安全和建造成本。

（10）预制构件出筋与后浇连接区钢筋干涉严重，导致后浇连接区连接质量达不到要求，留下安全隐患。

（11）现浇层与预制层的转换层的竖向预制构件预埋插筋偏位或遗漏，导致连接不能满足结构受力要求，后期整改，增加成本。

（12）未结合施工安装环节的荷载工况进行验算，未给出支撑要求，未给出拆除支撑的条件要求，导致施工安装环节预制构件倾覆或开裂破坏，影响结构安全和施工安全。

（13）未考虑预制柱灌浆孔朝向，外围边柱和角柱灌浆口朝向室外，导致灌浆作业不方便，影响灌浆质量（图3-4）。

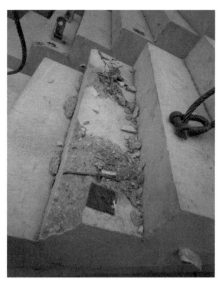

▲ 图 3-3　吊装预埋件承载力不足导致吊装时被拔出

3.2.2　与设计院协同常见问题的预防措施

（1）施工单位应转变观念，不能被动接受施工图，施工图收到后再发现问题为时已晚，应树立主动与设计院沟通的意识。

（2）施工单位应转变运营模式，从单一的施工，逐步向EPC总承包模式转变，以适应装配式建筑运营管理的需要。

▲ 图 3-4　灌浆孔设置在角柱或边柱的外侧

（3）施工单位与设计院的协同应贯穿整个设计过程及设计的各个阶段，协同要注重及时性、实效性。

（4）施工单位与设计院的协同应建立协同流程，并列出协同清单（表3-1），以保证协同的顺畅和全面。

表 3-1　施工单位与设计院协同清单

序号	事项	要点
1	塔式起重机幅度	满足远端构件吊装要求
2	塔式起重机起重重量	满足最重构件吊装要求
3	塔式起重机支抚预埋件	尽量避免设置在有预制墙体的标高和位置处
4	临时支撑预埋件提示	避开线管与模板支护范围

（续）

序号	事项	要点
5	安装空间要求	预留足够空间，避免相互阻碍
6	安装预埋件要求	满足位置、强度及误差要求
7	装饰预埋件提示	应与装修设计协同，准确、完整设计装饰预埋件
8	预埋管线提示	管线走向、尺寸等要标记清楚
9	支撑支垫点的明确	明确支撑支垫点位置、高度等
10	支撑拆除时间明确	在设计说明中应明确不同条件下支撑拆除时间

（5）如果没有采用 EPC 模式，施工单位在收到施工图及预制构件深化设计图后，要及时组织技术人员全面系统地消化图纸设计内容，并及时发现问题，向设计院进行反馈，并配合设计院进行完善修改。

（6）与设计院协同沟通，做好技术交底及图纸会审工作。

3.3　设计交底、图纸会审常见问题及预防措施

3.3.1　技术交底、图纸会审常见问题

（1）设计完成后甲方及设计院没有组织技术交底。

（2）技术交底流于形式，走过场，没有进行细致、系统的技术交底，尤其是对装配式建筑相关的材料、设备、设施、工艺、技术要求等没有进行技术交底。

（3）施工单位在收到设计图纸后，没有组织相关人员进行图纸会审，或者施工人员没有施工经验，发现不了设计问题。

（4）技术交底、图纸会审发现的问题，设计单位不愿意修改，或者没有及时下达设计变更。

3.3.2　技术交底、图纸会审常见问题的预防措施

（1）图纸会审和设计交底是施工单位事先发现设计错误、设计遗漏的关键环节，可有效避免因设计问题导致的返工、返修，减少或避免不必要的成本支出，提高施工效率，保证施工质量和安全。所以，施工单位必须及时组织图纸会审，并主动协同、参与技术交底工作。如果施工单位人员经验不够，可以聘请专业的顾问人员协同参与图纸会审和技术交底工作。

（2）图纸会审和技术交底应注意以下主要内容：

1）设计图纸与说明是否齐全、明确，坐标、标高、尺寸等图纸内容、表达深度是否满足施工需求。

2）预制构件平面分布情况，预制构件安装顺序是否清晰给出。

3）预制构件连接方式和技术要求是否明确。

4）设计图纸是否有遗漏，包括线盒线管、吊装吊点、斜支撑预埋件、模板固定预埋件、塔式起重机附着预埋件或预留孔洞、安全设施安装预埋件、内装及设备管线安装预埋件与预留孔洞等。

5）是否存在安装节点干涉太多，无法安装的问题，例如梁柱节点干涉（图 3-5）、伸出钢筋干涉、预制构件边缘模板安装干涉等。

6）技术要求是否有遗漏，例如拆除支撑的灌浆料或后浇混凝土的强度要求。如果没有给出该要求，就可能造成支撑拆除时间过早或过晚，过早拆除会造成安全隐患或事故，拆除过晚会增加支撑材料用量。

7）建筑与结构是否存在不能施工或不便施工的技术问题，以及导致质量、安全及工程费用增加等问题。

8）施工图与设备、特殊材料的技术要求是否一致；主要材料来源有无保证，能否代换；新技术，新材料的应用能否实现。

9）施工质量、安全、环境卫生有无保证。

▲ 图 3-5　两个方向预制框架梁高相同导致在节点区域内干涉严重

（3）图纸会审和设计交底应形成相关纪要，把发现的问题列出清单，并提出修改完善建议，提交给甲方和设计院。

（4）施工单位应配合设计院对设计问题进行修改完善，并商定修改完善的完成时间，以满足施工进度需要。

（5）施工单位与设计、监理、甲方、制作单位建立微信平台，将一次性的图纸会审和技术交底变成持续性互动的一项工作。

3.4　与工厂生产供货计划协同常见问题及预防措施

3.4.1　与工厂供货计划协同常见问题

1. 合同约定不明确

预制构件等部品部件采购（或供货）合同一般由施工单位（总承包单位）与部品部件生产厂签订，甲方直接与部品部件厂签订合同的情况较少。

有些采购合同对供货计划约定得不够详实，通常只约定一个供货时间的区间，比如几月几日到几月几日，没有详细约定哪栋楼的部品部件、哪层的部品部件供货时间，更没有详细到哪一个预制构件等部品部件的供货时间。

2. 工厂生产计划与安装计划不一致

如果施工单位提供了供货计划，工厂在编制预制构件等部品部件生产计划时，会参照供货计划编制生产计划。如果没有供货计划，工厂在编制生产计划时就会侧重考虑生产的便利性和成本问题，同规格、同型号的产品就会安排集中生产，就会导致工厂生产计划与现场安装计划不一致。

3. 工厂没有明确的发货计划

有些预制构件等部品部件工厂没有编制发货计划，被动地等待施工单位的发货通知，发货人员对已经生产并具备发货条件的部品部件了解不够，预制构件等部品部件存放、保管混乱，导致发货时手忙脚乱，发货出错现象时有发生。

4. 没有进行过程协同

预制构件等部品部件生产过程中，施工单位对生产进度没有进行过程协同、跟踪，需要发货时才发现，现场需要安装的部品部件还没有安排生产，导致施工现场被迫停工。部品部件在施工旺季多个项目的产品同时生产时，这种现象出现的频率和可能性较高。

5. 发货前没有进行沟通

预制构件等部品部件发货前，施工单位没有下达明确、清晰的发货指令和发货清单，导致发货错误，或者发货顺序与现场安装顺序不一致，无法实现在运输车上直接吊装。

3.4.2　与工厂供货计划协同常见问题的预防措施

（1）采购（供货）合同对预制构件等部品部件供货时间的约定应明确，按照楼栋、楼层编制供货清单，作为采购合同的一部分。

（2）施工单位应参与预制构件等部品部件工厂生产计划的编制，确保生产计划满足安装计划要求。

（3）施工现场因故进度拖延时，施工单位应及时通知预制构件等部品部件工厂，工厂可以根据新的安装计划调整生产计划，调整后的生产计划应满足新的安装计划要求。

（4）施工单位应安排专人跟踪预制构件等部品部件工厂生产计划的执行情况，发现问题，应及时与工厂沟通，并督促工厂采取措施，确保生产计划按期完成。

（5）发货前24h，施工单位应向预制构件等部品部件工厂提供详细、具体的发货指令和发货清单，发货清单应明确发货和装车顺序，特别是可以直接吊装的构件（表3-2）。必要时，可安排人员对发货规格、数量、顺序及质量进行现场协同、监督。

表 3-2　预制构件直接吊装装车顺序清单

项目名称	××××项目		
作业部位	×号楼第×层构件	构件数量	12块
构件种类	预制楼梯、预制内墙板	安装天气	晴
安装日期	×月×日	安装时间	上午×时
工地安装序号	构件名称	构件编号	工厂装车序号
1	预制楼梯	YTB-1	12
2	预制楼梯	YTB-2	11

（续）

项目名称	××××项目		
工地安装序号	构件名称	构件编号	工厂装车序号
3	预制内墙板	YNQ1-1	10
4	预制内墙板	YNQ2-1	9
5	预制内墙板	YNQ3-1	8
6	预制内墙板	YNQ4-1	7
7	预制内墙板	YNQ5-1	6
8	预制内墙板	YNQ5-1a	5
9	预制内墙板	YNQ4-1a	4
10	预制内墙板	YNQ3-1a	3
11	预制内墙板	YNQ2-1a	2
12	预制内墙板	YNQ1-1a	1

（6）施工单位应按照合同约定及时向预制构件等部品部件工厂支付货款，以保证生产计划和供货计划的顺利实施。

（7）施工单位应与工厂建立微信互动平台，实时沟通计划完成情况。

3.5　问题处理程序与办法

（1）由于与设计院没有协同或协同不到位，施工期间发现设计问题后，应与设计院立即沟通，请设计院给出解决方案。对设计中发现的问题，要本着小问题立即解决，大问题讨论后尽快决断的原则。需要甲组织协调的问题，应及时向甲方报告。在解决因设计协同导致的施工问题时，监理人员应全程参与。设计院应下达设计变更单，作为施工单位现场实施补救措施的依据。

（2）施工单位发现预制构件等部品部件工厂的生产计划及供货计划无法满足安装计划要求时，应立即与工厂进行沟通，采取补救措施。如果工厂无法解决，施工单位应及时向甲方报告，在征得甲方同意的情况下，也可采取增加生产供货单位等应急措施。

第4章
设备、设施、工具问题及预防措施

本章提要

对设备、设施、工具问题进行了举例分析，梳理汇总了设备、设施、工具的常见问题，给出了避免设备、设施、工具问题的措施，提出了必须备用的设备、设施、工具清单。

4.1 设备、设施、工具问题举例

1. 吊具选用错误

某项目在吊装叠合楼板时，由于吊具选用错误，吊索与叠合楼板水平夹角过小，造成内力过大，导致叠合楼板折断（图4-1）。

2. 塔式起重机选型及布置不合理

某项目由于选用的塔式起重机起重幅度不够，以及布置不合理（图4-2），导致了塔式起重机无法将部分预制构件吊至其安装位置，施工无法正常进行。

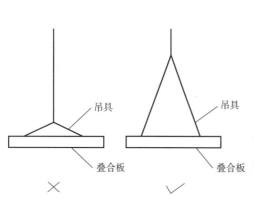

▲ 图4-1 叠合板吊具选用示意图

▲ 图4-2 塔式起重机选型或布置不合理

3. 水源电源设置不到位

某项目在施工楼层未设置二级电箱（图4-3），也未设置临时水源（图4-4），需从楼下电源箱接线，电线过长，造成施工不便，也存在安全隐患。没有临时用水，严重影响灌浆等作业。

▲ 图 4-3　施工层未设置二级电箱

▲ 图 4-4　施工层未设置临时水源

4. 吊装用具准备不足

某项目在预制构件吊装前，没有准备牵引绳（缆风绳），增加了构件就位难度，也存在安全隐患（图 4-5）。

4.2　设备、设施、工具常见问题

▲ 图 4-5　预制构件吊装未设置缆风绳

4.2.1　设备常见问题

1. 起重设备常见问题

（1）塔式起重机选型过小或位置布置不合理，导致距离较远的存放场地上的预制构件无法吊装，或无法将预制构件吊至距离较远的安装位置。

（2）过度加大塔式起重机的安全系数，选用型号偏大的塔式起重机，导致塔式起重机基础施工费用和租赁费增加。

（3）为节省成本，减少塔式起重机数量，多栋楼使用一台塔式起重机，影响预制构件安装效率和施工进度。

（4）塔式起重机大臂与楼层外架之间高差过小，小于吊索长度与预制构件安装方向高度之和，易造成危险，发生安全事故。

（5）塔式起重机附着考虑不周全，附着点预埋预留遗漏，或附着点设置不合理，导致塔式起重机无法按原设计附着。

（6）塔式起重机升节作业不及时，影响施工进度。

（7）没有很好利用轮式起重机进行辅助作业。

（8）起重设备检查及维护保养不及时，影响吊装效率，存在安全隐患。

2. 灌浆设备常见问题

（1）灌浆设备技术性能，如注浆压力，无法满足灌浆作业要求。

（2）灌浆设备使用后没有及时清洗，导致灌浆软管等部位堵塞。

（3）没有考虑应急设备的备用问题，如发电机、高压冲洗设备等。

4.2.2 设施常见问题

1. 现场道路常见问题

（1）预制构件运输车辆一般为 13m 平板车和 17m 平板车，需要转弯半径约 10m。现场道路狭窄，转弯半径不够，运输车无法到达卸车位置（图 4-6）。

（2）现场没有设置环形道路，也没有设置运输车掉头场地，导致运输车退场困难。

2. 存放场地常见问题

（1）施工现场没有设置预制构件存放场地，或存放场地没有硬化，或存放场地过小，造成构件存放随意、无序（图 4-7 和

▲ 图 4-6 施工现场路面过窄

图 4-8），导致需要二次倒运，增加成本，影响效率，随意存放还大大增加了构件损坏的概率。

▲ 图 4-7 叠合板距离过近、伸出钢筋交错

▲ 图 4-8 外挂墙板随意堆放

（2）没有配备预制构件存放架、存放垫木、存放防护用品等，导致构件存放期间损坏。

（3）存放场地或场内道路设置在地库上面，地库顶板没有按照设计要求进行加固处理，存在安全隐患。

3. 安全防护设施常见问题

（1）施工层未安装防护外架（图 4-9），或防护外架高度不够，或防护外架不严密（图 4-10）。

（2）现场施工洞口、临边门窗洞口没有安装防护设施。

（3）预制楼梯安装并使用后，没有安装临时护栏。

▲ 图 4-9　没有安装防护外架

▲ 图 4-10　防护外架不严密

4. 水源电源常见问题

施工层没有设置水源、电源，或设置位置不合理，影响施工效率，存在安全隐患。

4.2.3　工具常见问题

1. 吊装用具常见问题

（1）没有根据预制构件的形状、尺寸、重量等选用相匹配的吊具，导致吊装作业无法正常进行，或导致构件损坏，或存在安全隐患。

（2）选用的钢丝绳不能满足最大设计承载力的要求，如钢丝绳编结过短，存在被拉开导致预制构件滑落的安全隐患；钢丝绳过细，存在被拉断的风险。

（3）选用的吊钩没有安全保险（图 4-11），在起吊或吊装过程中存在发生脱钩导致安全事故的隐患。

（4）与吊装预埋螺母配套使用的旋转吊环螺栓不满足规范和设计要求，如长度

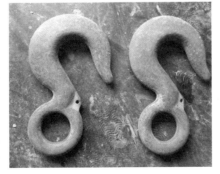

图 4-11　没有安全保险片的吊钩

▲ 图 4-12　吊环螺栓丝扣磨损严重

不够，或丝扣磨损严重（图 4-12），存在拉断等导致发生安全事故的隐患。

（5）采用软带吊装或翻转预制构件时，由于吊点位置不对导致构件损坏。

（6）现场没有备用必要的吊装用具，吊装用具一旦损坏，影响吊装作业。

2. 电动工具常见问题

（1）电钻缺少横向把手（图4-13），作业时稳定性差，存在安全隐患。

（2）角磨机没有防护罩，容易出现伤人事故。

（3）电动工具电源线接反，容易造成工具损坏。

（4）电动工具使用后，没有切断电源，电源线被拉断或碾伤后引起触电事故。

（5）没有备用必要的电动工具。

3. 测量、计量器具常见问题

（1）选用的测量、计量器具为非正规厂家生产，计量不准确。

▲ 图4-13　电钻没有横向把手

（2）没有定期对测量、计量器具进行校验，存在计量误差。

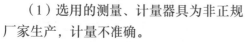

4.3　避免设备、设施、工具问题的措施

4.3.1　避免设备问题的措施

1. 避免起重设备问题的措施

（1）根据项目的具体情况，包括：采用预制构件的楼栋及分布，预制构件种类、数量、重量和分布情况，存放场地情况，确定塔式起重机的型号、数量和布置。

（2）塔式起重机布置可以一栋一吊、多栋一吊或一栋多吊。

（3）塔式起重机升节要及时，保障作业高度满足施工和安全需要。

（4）充分利用轮式起重机、履带式起重机进行辅助吊装，如进行裙房物料的吊装。

（5）强化对起重设备的维护保养，保证起重设备处于完好状态。

（6）选用经验丰富、责任心强的塔式起重机司机，保证作业效率、质量和安全。

（7）有核心筒的超高层建筑，塔式起重机可布置在核心筒内，提高塔式起重机的利用率，降低成本。图4-14是日本鹿岛新办公楼施工现场的照片，内筒部位的4根钢柱在施工期间是塔式起重机支座，先于外筒预制混凝土柱梁安装，随层升高。

2. 避免灌浆设备问题的措施

（1）选用专业设备厂家生产的电动灌浆机和灌浆料搅拌器。

（2）强化对灌浆设备的维护保养，及时更换易损部件。

（3）灌浆设备使用后及时进行彻底的清洗。

▲ 图 4-14　塔式起重机布置在核心筒内

（4）安排专人进行灌浆设备的使用和保养。

4.3.2　避免设施问题的措施

1.　避免道路和存放场地问题的措施

（1）根据现场具体情况合理安排道路及预制构件存放场地的位置，保障构件运输车进出现场方便、安全。

（2）道路及存放场地的硬化须满足预制构件运输车及构件存放的需要，道路及存放场地设置在地库上面时，要按设计要求对地库顶板进行加固处理。

（3）厂内宜设环形道路，不具备环形通行条件的，应设立运输车调头区域。

（4）存放场地存放预制构件的能力应满足施工进度需要。

（5）需按预制构件种类配备相适应的存放架、垫木、防护材料等。

（6）存放场地应设置在塔式起重机有效作业半径范围内。

2.　避免水源电源问题的措施

（1）施工楼层应设置水源、电源，水源、电源位置应靠近使用频率高、用量大的部位。

（2）为了避免灌浆作业的中断，在灌浆楼层还应备用发电机，设置储水桶等。

3.　避免安全设施问题的措施

（1）严格按照施工组织设计配备安全设施。

（2）安全设施的预埋预留如有遗漏或错位，须请设计人员给出补救方案。

（3）应安排专人对安全设施设置的及时性、安全性进行检查。

4.3.3　避免工具问题的措施

1.　避免吊装用具问题的措施

（1）应根据项目采用的预制构件种类、尺寸、形状等选用相匹配的吊具。尺寸较大的叠合楼板、异型及复合预制构件宜采用平面架式吊具；预制梁、预制墙板宜采用梁式吊具。

（2）应根据图纸及规范要求正确选择钢丝绳等吊索。钢丝绳编结长度应大于 300mm，钢丝绳直径宜大于等于 18mm（图 4-15）。

（3）应采用带有安全保险片的吊钩等索具（图 4-16）。

（4）选用的吊装螺栓应满足国家规范和设计要求。

（5）用软带吊装或翻转预制构件时，需要在两个边侧设置吊点，设计须给出软带捆绑位置（图 4-17），避免悬臂过长，导致构件折断。

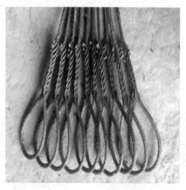

▲ 图 4-15　钢丝绳编结标准　　　▲ 图 4-16　有安全保险片的吊钩

（6）对吊装用具应定期检查，损坏或者存在质量问题须及时更换。

2. 避免电动工具问题的措施

（1）应采购符合作业要求、安全可靠的电动工具。

（2）应按说明书要求正确使用电动工具。

（3）做好电动工具的维护保养和检查，出现问题及时维修或更换，不得带病使用和野蛮施工。

（4）电动工具使用后，要切断电源，妥善保管。

3. 避免测量、计量器具问题的措施

（1）采购正规厂家的测量、计量器具。

（2）测量、计量器具要由专人使用和保管。

（3）定期对测量、计量器具进行校验。

▲ 图 4-17　软带吊装、翻转预制构件

4.4　必须备用的设备、设施、工具清单

必须备用的设备、设施和工具包括灌浆设备及工具、电动工具、吊具、一些常用工具等。

1. 灌浆设备及工具

必须备用的灌浆设备和工具包括：电动灌浆机（图 4-18）、灌浆料搅拌器（图 4-19）、发电机（图 4-20）、高压水枪（图 4-21）。备用发电机是为了防备灌浆时突然停电，灌浆中断。备用高压水枪是用于灌浆失败，对灌浆套筒及接缝进行及时冲洗。

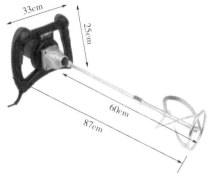

▲ 图 4-18 电动灌浆机　　　▲ 图 4-19 灌浆料搅拌器　　　▲ 图 4-20 发电机

2. 电动工具

必须备用的电动工具有电钻、角磨机、电扳手等。

3. 吊装用具

必须备用的吊装用具有钢丝绳、吊带、点式单孔吊具（图 4-22）、点式双孔吊具（图 4-23）、点式可旋转吊具（图 4-24）、吊链（图 4-25）、吊钩（图 4-26）、卸扣（图 4-27）等。

▲ 图 4-21 高压水枪

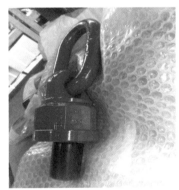

▲ 图 4-22 点式单孔吊具　　　▲ 图 4-23 点式双孔吊具　　　▲ 图 4-24 点式可旋转吊具

▲ 图 4-25 吊链　　　▲ 图 4-26 吊钩　　　▲ 图 4-27 卸扣

4. 常用工具

需备用的常用工具有撬棍、大锤、小锤、扳手、牵引绳、安全带（安全绳）、手拉葫芦（倒链）等。

第 5 章
预制构件入场问题及预防措施

本章提要

　　对预制构件入厂验收、卸车、存放问题进行了举例分析，归纳整理了预制构件入厂验收、卸车、存放常见问题的清单，并对出现问题的原因进行了分析，给出了预制构件入场验收项目、流程与方法，还给出了预制构件卸车和存放问题预防措施及预制构件直接吊装应具备的条件。

5.1　预制构件入场验收、卸车、存放问题举例

　　目前国内预制构件进场最大的问题是大多数项目构件进场后不直接安装，国外绝大多数装配式建筑项目构件进场后都是直接安装，很少存在先存放，再二次吊装的作业方式。本节举几个预制构件入场验收、卸车、存放问题的实例。

1. 预制构件乱堆乱放

　　国内某知名项目，预制构件进场后，没有存放设计，没有场地安排，乱堆乱放（图 5-1 和图 5-2），甚至在雨天厂内道路泥泞时，把构件铺垫在地上作为人行通道，导致构件大量损坏。

▲ 图 5-1　国内某知名项目预制构件乱堆乱放（一）　　▲ 图 5-2　国内某知名项目预制构件乱堆乱放（二）

2. 预制构件进场验收手续不全

　　有些项目预制构件进场时，只有送货单和隐蔽验收记录，缺少合格证、质量保证书及相

关质量检查表单等相关资料。资料不全就无法判断进场构件质量是否合格，一旦安装了质量不合格的构件，返修或更换的代价很大，如果没有及时返修或更换，就会造成质量问题，甚至会造成结构安全隐患。

3. 预制构件卸车错误

某项目在预制飘窗吊装前，没有对吊点位置的合理性进行检查，也没有采用专用吊具，导致吊装时预制飘窗偏斜（图5-3）。偏斜吊装一方面会造成构件在吊装过程中失稳，存在安全隐患，另一方面也会导致安装就位困难。

4. 预制构件存放错误

某项目由于存放场地较小，管理不严格，叠合楼板进场后，不同规格的叠合楼板混叠在一起，各层支点不在同一垂直线上，采用垫木的规格及放置方向也不统一，叠放层数也过多（图5-4）。上述这些存放问题，都可能会导致叠合楼板出现裂缝和变形，需要增加修补和校正的时间和费用，裂缝、变形严重还会导致叠合楼板报废。

▲ 图5-3　预制飘窗吊装偏斜

▲ 图5-4　叠合楼板存放不规范

5.2　预制构件入场验收、卸车、存放常见问题及原因

5.2.1　预制构件进场验收常见问题及原因

1. 资料缺失

预制构件进场时，没有按照所在地区的要求提供全部的资料，造成资料缺失的原因主要有以下几点：

（1）预制构件工厂对所在地区规定应提供的资料不了解。

（2）预制构件工厂质量体系不健全，质量管理不到位。

（3）预制构件工厂委托运输车驾驶员捎带资料，交接不清，责任心不强，导致资料遗失。

（4）因质量等原因，驻厂监理拒绝签发质量证明文件。

（5）现场监理人员、施工单位责任人缺少相关知识，未能发现资料缺失。

2. 预制构件存在质量问题

预制构件进场后发现存在裂缝、变形、缺棱掉角、断裂、装饰面污染等质量问题（图 5-5 和图 5-6），造成进场构件质量问题的原因主要有以下几点：

（1）预制构件出厂前没有进行质量检查，造成有质量缺陷的构件出厂。

（2）预制构件在运输车上摆放不规范，譬如不同规格叠合楼板混叠、叠放层数过多、支垫错误等。

（3）封车固定不牢靠，包括运输架没有与车体固定牢靠、预制构件封车绳索绑扎不牢等。

（4）成品保护不到位。譬如预制构件与车体之间、构件与运输架之间、构件与构件之间没有放置软材质隔垫，装饰面预制构件表面没有用塑料薄膜包裹，构件薄弱部位没有采取临时加固保护措施等。

▲ 图 5-5　叠合楼板变形

（5）运输过程中，车辆过快、转弯过急、途径不平路面及减速带没有减速等。

3. 预制构件错发、漏发

预制构件进场时发现全部或部分构件不是现场安装需要的构件，或者需要的构件没有全部到齐，造成预制构件错发、漏发的原因主要有以下几点：

▲ 图 5-6　叠合楼板断裂

（1）施工现场发送给预制构件工厂的发货通知错误或不及时。

（2）预制构件工厂生产计划、发货计划不能满足施工现场安装计划的要求。

（3）预制构件编号不唯一或易混淆。

（4）预制构件工厂承揽的项目多、生产量大、存放量大，发货人员能力有限或人员不足。

4. 外露钢筋误差过大

进场的预制构件外露钢筋规格、数量、位置、外露尺寸误差过大，导致外露钢筋误差过大的原因主要有以下几点：

（1）预制构件钢筋下料错误。

（2）预制构件钢筋绑扎错误。

（3）钢筋未采取固定措施，混凝土浇筑和振捣时，钢筋位移、变形等。

5. 预埋件、预埋物、预留孔洞遗漏或错位

进场的预制构件预埋件、预埋物、预留孔洞遗漏或错位，主要原因有以下几点：

（1）深化设计图纸错误，或图纸深度不够。

（2）图纸版面过小，尺寸标志不清楚，导致制作时工人作业出错。

（3）固定措施不当，混凝土浇筑和振捣时，预埋件、预埋物移位。

（4）预埋件、预埋物、预留孔洞之间或与钢筋干涉碰撞，作业人员擅自调整位置。

6. 套筒孔洞堵塞

进场的预制构件套筒的灌浆孔、出浆孔或底部孔堵塞，导致套筒孔洞堵塞的原因主要有以下几点：

▲ 图 5-7　垂直运输的预制墙板

（1）预制构件制作时，套筒安装不牢固、未采取保护措施，混凝土从套筒与模板间隙进入。

（2）预制构件制作时，灌浆导管或出浆导管固定不牢靠或封闭不严，导致导管脱落或混凝土进入导管。

（3）预制构件存放或运输期间，对套筒孔洞没有采取临时封堵措施，导致杂物进入。

5.2.2　预制构件卸车常见问题

1. 卸车偏重问题

预制构件卸车时，集中吊卸车体一侧的构件，例如采用竖向插放或靠放运输的预制墙板（图 5-7）、并排运输的预制楼梯（图 5-8）、预制梁、预制柱及其他小型构件，而没有考虑到车体的平衡，导致运输车辆出现明显倾斜，容易引发安全事故。出现卸车偏重问题的主要原因有以下几点：

（1）卸车人员缺乏安全意识和卸车的基本常识，为了作业方便，而违规作业。

（2）没有进行卸车作业技术交底。

（3）项目管理人员及监理人员对卸车作业监管不力。

2. 卸车磕碰问题

预制构件卸车时，构件与构件、构件与车体发生碰撞（图 5-9），导致构件缺棱掉角，产生修补成本，影响工期。出现卸车磕碰的主要原因有以下几点：

（1）吊点设置不合理，预制构件吊装时偏斜造成磕碰。

（2）吊具、索具未安装好，预制构件起吊发生偏转，导致构件与构件、构件与车体

▲ 图 5-8　并排运输的预制楼梯

▲ 图 5-9　预制构件卸车时相互磕碰

发生碰撞。

（3）预制构件装车时没有留有安全距离和作业空间，吊装过程中构件摆动导致磕碰。

5.2.3　预制构件存放常见问题

1. 存放顺序错误

预制构件应按照吊装顺序进行存放，方便现场吊装，提高施工效率。如果存放顺序错误或存放混乱就会影响吊装效率和工期。出现存放错误问题的主要原因有以下几点：

（1）没有进行施工组织设计、没有编制存放计划。

（2）存放管理人员对吊装顺序不了解。

（3）现场存放场地有限。

（4）与预制构件工厂协同不够，没有按照安装顺序发货，或发货错误，或发货不及时。

2. 预制构件平放方面的问题

预制构件平放存放过程中，由于存放不当出现裂缝、变形等质量问题，需要进行修补或更换，导致成本增加和工期拖延。出现预制构件平放方面问题的主要原因有以下几点：

（1）叠放预制构件叠放层数过多，且未进行相关计算。

（2）叠放预制构件未放置垫块（图 5-10），或垫块支垫错误（图 5-11），或各层垫块不在同一条垂直线。

（3）预应力双 T 板、预应力多孔板垫块位置未放在端部（图 5-12）。

（4）多个支点支垫时，所有支点的上表面没有在同一个水平面上。

▲ 图 5-10　叠合梁之间未放置垫块

▲ 图 5-11　叠合板存放支垫错误

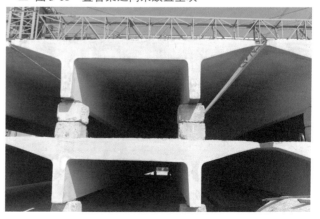

▲ 图 5-12　预应力双 T 板端部垫块

3. 预制构件立放方面的问题

预制构件立放过程中，由于存放不当导致损坏、倾倒、作业效率低下等，导致成本增加和工期拖延，甚至导致发生安全事故。出现预制构件立放方面问题的主要原因有以下几点：

（1）竖向预制构件立放侧面无标志，现场吊装不方便。

（2）预制构件底部未放置软垫木，导致构件边角破损（图5-13）。

（3）存放架强度、刚度、稳定性不够，预制构件存在倾倒风险。

（4）夹芯保温墙板立放时外叶板受力，导致外叶板破损。

（5）水平缝带有企口的预制构件，底部支垫不当导致企口损坏。

▲ 图5-13　预制构件底部未放置软垫木

5.3　预制构件进场验收项目、流程与方法

预制构件进场检查的时间、检查的项目都受现场条件所限，因此，施工单位应与预制构件工厂协同对出厂构件做好全面、细致的检查，确保出厂构件全部合格，施工单位在此基础上对进场构件进行检查，重点检查构件资料的完整性、构件在装车、运输过程中是否损坏等。

1. 预制构件进场验收项目

（1）对预制构件资料进行核查，具体核查项目按照当地相关规定确定。表5-1是上海地区预制构件进场应提供的资料清单，供参考。

表5-1　上海地区预制构件进场资料清单

序号	资料名称	备　注
1	预制构件产品出厂质量保证书（质保书）	上海市工程建设质量管理协会监制
2	钢筋灌浆套筒、直螺纹套筒、钢筋锚固板、保温连接件、保温板、吊钉吊点、预埋件等质量保证书	
3	钢筋、砂石料、水泥质量保证书及检测报告	其检验报告在预制构件进场时可不提供，但应在构件生产企业存档保留，以便需要时查阅
4	混凝土强度检验报告	
5	钢筋灌浆套筒接头型式检测报告	
6	直螺纹套筒接头工艺及抗拉强度检测报告	500个为一批
7	钢筋锚固板接头抗拉强度检测报告	500个为一批
8	保温连接件检测报告	
9	吊钉吊点拉拔检测报告	

（续）

序号	资料名称	备　注
10	保温板检测报告	
11	结构性能检验依据设计要求，梁板类简支受弯构件的结构检验报告	

（2）对预制构件种类、数量、规格型号进行核查。

（3）对预制构件表观进行检查，主要检查构件是否存在破损、裂缝等影响建筑外观和结构安全的内容，以及装饰面是否受到污染影响建筑表面观感的内容。

（4）对预制构件影响安装的细节进行检查，主要检查构件外形尺寸、外露钢筋、吊点、预留预埋等是否符合规范和设计要求；还应检查预留预埋孔洞完好及通畅情况。

2. 预制构件进场验收流程

预制构件进场验收流程如图 5-14 所示。

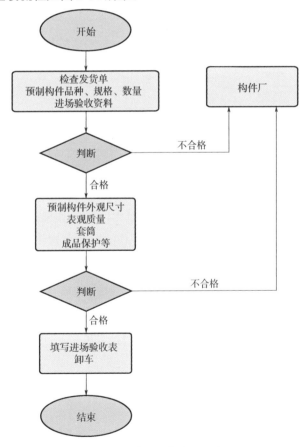

▲ 图 5-14　预制构件进场验收流程示意图

3. 预制构件进场验收方法

（1）收货确认：按照发货单确认预制构件种类、数量、规格型号，记录并拍照。如有遗漏、错发，应及时通知预制构件工厂补发。

（2）资料检查：检查资料种类（表5-1）、份数、完整性、清晰程度、印鉴等。

（3）质量检查：

1）对进场预制构件应全数进行表观检查，直接观察运输车上构件的外观质量；构件摆放较密时，可借用手机及自拍杆等辅助拍照检查。

2）预制构件进场时重点检查运输过程中是否造成构件损坏，同时对构件的外形尺寸（图5-15）、外露钢筋、吊点、预留预埋等进行抽查，抽查如果发现问题，应对进场构件进行全数检查。

▲ 图 5-15　预制构件外形尺寸检查

表5-2是不同环节进行预制构件检查的判断与评价表，供读者参考。

表 5-2　不同环节进行预制构件检查的判断与评价

模式	出厂检查	进场后运输车上检查	卸车后现场存放场地检查	安装时发现质量问题	安装后发现质量问题	判断与评价
A	■	■				直接安装☆☆☆☆☆
B	■	■	■			存放后安装☆☆☆
C		■	■			存放后安装☆☆
D			■			存放后安装
E				!		×
F					!	×××

注：☆为推荐做法，数量越多越推荐。×为错误做法，数量越多，错误性质越严重。

3）施工单位应在与预制构件工厂的供货合同中明确，如果进场预制构件存在质量问题，应退货；如果对施工进度等造成影响，施工单位有权要求构件厂索赔，以避免构件厂对出厂构件不进行检查，将不合格构件发至现场。

5.4　预制构件卸车问题预防措施

预制构件卸车有两种情况，一种是直接吊装，即从运输车上直接吊至作业面进行安装，施工效率高，节省现场存放场地，减少了先存放、再吊装可能对预制构件造成的损伤；另一种是从运输车上吊至现场存放场地，增加了施工工序和存放场地，同时还增加了构件损坏的风险。预制构件卸车前应细致地做好方案、人员和工器具的准备，以避免卸车问题的出现。

1. 制订预制构件卸车专项方案

预制构件卸车专项方案应包含以下主要内容：

（1）制定与预制构件工厂沟通的途径和送货约定时间，应至少提前一天向构件厂发出需要安装的预制构件具体到货时间的指令，预留出预制构件运输的时间、进场验收时间、不合格构件修补和更换时间。

（2）确定现场预制构件存放场地及运输车辆进退场路线、转弯半径、停靠位置。

（3）预制构件到场后，直接在车上检查验收的主要项目、验收方法、验收工具是否可行。

（4）预制构件卸车需要的吊具、工具准备。

（5）预制构件卸车人员安排。

（6）编制预制构件卸车吊装安全操作要点，包括吊具、吊索、索具安装应连接牢固后方可吊装；吊钩和构件重心在一条线上，以免构件起吊时发生侧移；起吊时车上操作人员应到地面作业，确保安全等。

（7）制定验收不合格的应急预案。运送到施工现场的预制构件，如果在运输车上检验为不合格，则不需要卸车，可随运输车返回预制构件工厂维修或更换；卸车后若发现不合格，应隔离单独存放，待构件厂安排人员进行维修；修补后仍不合格的，作报废处理并涂刷醒目不合格标志，以免现场安装时混用。

2. 技术交底

预制构件卸车专项方案编制后，应对运输车司机、卸车作业人员和起重机司机、信号工、吊装工等进行技术交底，明确操作要点，留存交底记录。

3. 卸车监督

项目管理人员、监理人员应对进场预制构件卸车、吊装作业进行监督，避免违规作业造成质量问题和安全隐患。

4. 卸车偏重问题预防措施

预制构件卸车时应车体前后左右对称吊卸。在运输车上插放和靠放的构件，重心较高，更易在车体失去平衡后发生倾倒事故，应格外引起重视。

5. 卸车磕碰问题预防措施

（1）根据预制构件的种类、形状、外形尺寸选用适宜的吊具。

（2）卸车吊装时，吊具、吊索、索具应连接牢固。

（3）异型或大型预制构件卸车，应设置牵引绳。

（4）预制构件起吊时不应发生较大偏转和晃动，以免起吊时构件与运输架或车体碰撞。

（5）外露钢筋应整理齐整，避免因钢筋刮碰，导致磕碰。

（6）信号工、吊装工、起重机司机配合应默契。

（7）如果预制构件直接吊装到作业面，作业面应做好就位的各项准备，避免就位过程中磕碰。

（8）如果预制构件卸车至存放场地，应做好存放方面的准备。

5.5　预制构件存放问题预防措施

预制构件现场存放对构件质量也会产生影响，不正确的存放将会导致构件产生变形、裂缝，影响后续施工和建筑质量。预制构件现场存放应制定专项方案，并规范管理，以避免存放问题的出现。

1. 制订预制构件存放专项方案

预制构件存放专项方案应包含以下主要内容：

（1）对存放场地进行设计，包括存放区域、存放区平面布置等（图5-16）。

（2）存放场地应平整，进出道路畅通，排水良好，预制构件存放区域应有足够承载力，地下室顶板作为存放区时，应采取加固措施。

（3）根据工程特点，对各种预制构件存放方式进行细化，明确构件存放方式、叠放层数、摆放位置，存放顺序应满足吊装顺序要求等。

（4）采用的存放架应有足够的刚度、强度和稳定性。存放架应进行相应的力学计算，提供相应的计算书。

▲ 图5-16   现场预制构件存放场地

2. 存放顺序错误预防措施

（1）每层预制构件吊装顺序应根据施工工序事先确定，据此确定构件存放顺序。先吊装的构件应存放在上层或外侧，避免二次吊运。

（2）做好与预制构件工厂的协同，保证按照安装顺序及时、足量发货。

3. 预制构件平放问题预防措施

（1）预制构件叠放层数应明确，满足规范和计算要求，叠合楼板及部分墙板叠放层数不宜超过6层，楼梯叠放不应超过4层，可以叠放的梁、柱，叠放层数不应超过3层。

（2）叠合楼板若要叠放更多层数，建议做好以下几点：

1）按脱模强度加上安全系数进行计算，确定可以叠放的最多层数。

2）存放场地必须平整，且地面承载力能够满足叠放更多层数的要求。

3）垫方质量好、尺寸标准统一。垫方宜选用不小于100mm×100mm的松木，垫方截面尺寸误差不应大于3mm；垫木长度宜为400~600mm。

4）叠放的叠合楼板应规格统一，尺寸不宜过大。

5）严格按设计给出的支垫位置及办法进行支垫。

6）特殊项目，叠合楼板预制层厚度增加时，叠放层数可适当增加。

（3）叠合楼板还可采用多层存放架，以此来解决现场存放场地紧张的问题（图5-17）。

（4）叠放预制构件各层之间的垫块应在同一条

▲ 图5-17   叠合楼板多层存放架

垂直线上。

（5）平放预制构件采用多点支撑时，各支点上表面应在同一水平面上，避免中间垫块过高，导致产生过长的悬臂，引起构件产生负弯矩裂缝。

（6）预制预应力构件存放时，应根据构件起拱位置放置层间垫块，一般放置在构件两端。

4. 预制构件立放问题预防措施

（1）预制构件立放宜采用插放架、靠放架，插放架、靠放架应具有足够的刚度、强度和稳定性。

（2）预制构件采用存放架立放时，支撑挡杆应有足够的刚度，应靠稳垫实。

（3）预制构件靠放时必须对称靠放和吊运，构件与地面倾斜角度宜在 80°左右，构件上部宜用木块隔开。靠放架的高度应为预制构件高度的三分之二左右。有饰面的墙板采用靠放架立放时饰面需朝外。

（4）立放的预制构件，侧边应有明显标志，便于吊装时识别。

（5）预制构件立放时，薄弱预制构件、预制构件的薄弱部位和门窗洞口应采取防止变形开裂的临时加固措施。

5.6　预制构件直接吊装应具备的条件

1. 预制构件直接吊装的优势

（1）提高作业效率，减少了从运输车吊运到存放场地的时间。

（2）降低预制构件损坏风险，不必卸车到存放场地，减少了一次吊运作业（图 5-18）。

（3）节省施工现场场地。

2. 预制构件直接吊装应具备的条件

（1）做好预制构件出厂前的质量检查。预制构件出厂装车前，预制构件工厂质检员要根据发货单，认真检查每一个构件的质量，保证装车发货的构件全部为合格产品，防止因构件质量问题无法进行直接吊装或直接吊装才发现问题，再返工返修，甚至拆除构件，造成不必要的成本增加。

（2）保证正确的预制构件装车顺序。预制构件出厂前，应根据发货单确认构件种类和型号，有直接吊装构件要求的工程，将同一建筑

▲ 图 5-18　预制楼梯直接吊装

同一楼层的构件按照吊装顺序装在同一辆车，先进行吊装的构件要最后装车，后吊装的构件要先装车，保证运输车辆到达现场后，可以按照既定的吊装顺序进行直接吊装。

（3）运输时间与安装时间衔接恰当。运输车辆到现场时，现场安装作业面已经具备安装

条件，可以进行直接吊装作业。

（4）现场道路和场地具备直接吊装条件。现场道路应保持畅通，预制构件运输车辆应在吊装作业范围内有足够的停放区域。

（5）人员配备齐全。检查人员、吊装人员、指挥人员应及时到场。

（6）建立有效沟通渠道。预制构件工厂发货人员、运输车驾驶员、现场接收货物人员之间应有畅通的联系渠道，能及时传达信息。

第6章
临时支撑问题及预防措施

本章提要

对预制构件临时支撑问题进行了举例分析，梳理汇总了临时支撑常见问题、产生的原因及危害，给出了预防问题的措施和拆除临时支撑的条件。

6.1　临时支撑问题举例

1. 木工支模时擅自拆除斜支撑

某项目木工在支设后浇混凝土模板时，在预制剪力墙板还没有进行灌浆作业的情况下，为了支设模板方便，擅自拆除了剪力墙板的临时固定斜支撑（图6-1），造成了非常严重的施工安全隐患。

2. 水平支撑不规范导致坍塌

某项目在搭设叠合楼板水平支撑体系时，没有进行详细计算，独立支撑的竖杆距离较远，导致支撑体系失稳坍塌（图6-2），损失惨重。

▲ 图6-1　木工支模时擅自拆除斜支撑

▲ 图6-2　叠合楼板水平支撑坍塌

3. 叠合楼板采用满堂红支撑体系

叠合楼板等预制水平构件本身具有一定强度，独立支撑体系可满足施工荷载要求，底部不需要额外铺设模板，仅需在拼接处、现浇节点处支模，但有些项目仍然采用满堂红支撑体系（图6-3），不仅增加了支撑租赁费用和支撑的安拆时间，还因占据空间影响了同楼层其他环节譬如灌浆环节的作业，导致成本增加。

4. 临时斜支撑预埋环被拉松动

临时斜支撑楼板预埋件未按照设计的要求埋设，楼板混凝土养护时间不足，预制墙板安装后预埋环被拉松动（图6-4），导致所支撑的竖向预制构件存在倾覆倒塌的危险。

▲ 图6-3 叠合楼板满堂红支撑体系　　　　▲ 图6-4 斜支撑楼板预埋环松动

通过以上四个例子可以看出，临时支撑事关施工安全、结构安全和施工成本，必须予以重视。

6.2 临时支撑常见问题

6.2.1 竖向预制构件临时支撑常见问题

1. 缺少标准规范的问题

竖向预制构件临时支撑一般采用斜支撑体系。目前关于斜支撑方面的标准规范，仅有山东出台了地方标准，即《装配式竖向部件临时斜支撑应用技术规程》（DB37/T 5116—2018）。相比水平构件临时支撑体系，斜支撑体系质量控制点较多，现场使用的斜支撑质量能否满足安全要求，缺少相应的标准规范依据。

2. 没有验收依据的问题

现场使用的材料应经过验收合格后方可使用，由于缺少斜支撑体系的标准规范，现场对进场的斜支撑没有验收依据，有些项目只能自制验收记录表（图6-5），验收项目是否合理，验收结果是否有价值，无法判定。

3. 楼面斜支撑地锚问题

斜支撑地锚的可靠和牢固程度直接影响斜支撑的安全性，斜支撑地锚常见问题有：

（1）斜支撑端部弯钩采用冷弯制作，虽然可以满足现场正常使用，但多次使用后易产生变形。

（2）预埋锚环采用冷轧钢筋制作（图6-6），虽然能满足正常状态下使用，但预埋环韧性较低，如果作业不当，存在断裂的可能。

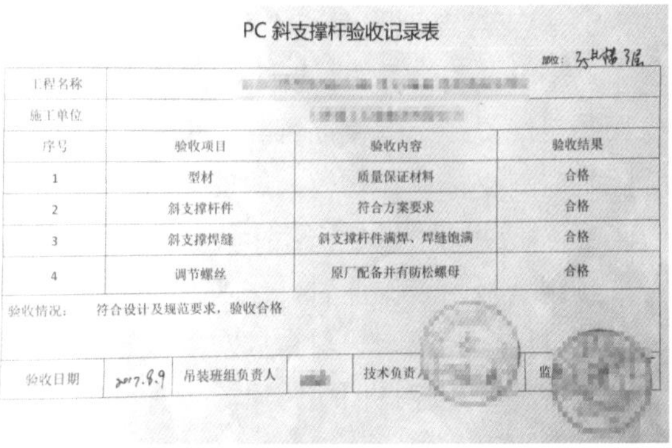

PC 斜支撑杆验收记录表			
工程名称			
施工单位			
序号	验收项目	验收内容	验收结果
1	型材	质量保证材料	合格
2	斜支撑杆件	符合方案要求	合格
3	斜支撑焊缝	斜支撑杆件满焊、焊缝饱满	合格
4	调节螺丝	原厂配备并有防松螺母	合格
验收情况：	符合设计及规范要求，验收合格		
验收日期	吊装班组负责人	技术负责人	监

▲ 图 6-5　自制的斜支撑验收记录表

（3）用锚环作为地锚预埋件时，锚环未按照设计要求放置在楼板钢筋下部。

（4）预埋锚环放置歪斜（图6-7），或混凝土浇筑时偏位。

▲ 图 6-6　采用带肋钢筋制作的预埋环

▲ 图 6-7　作为地锚的预埋锚环歪斜

（5）采用单个膨胀螺栓作为斜支撑的地锚（图6-8），膨胀螺栓抗拉承载力远不如预埋锚环，特别是在叠合板后浇混凝土早期强度较低的情况下。

4. 丝杆咬合长度不足问题

斜支撑杆丝杆拧出过多，外丝螺杆外露长度较长，导致与内丝螺杆只有少量丝牙咬合在一起（图6-9），存在较大的安全风险。

▲ 图 6-8　单个膨胀螺栓作为地锚

▲ 图 6-9　丝杆咬合长度过短

5. 斜支撑与现浇混凝土互相影响问题

对于 PCF 板、PCTF 板等竖向构件，由于内侧需要后浇混凝土，支撑在预制构件上的斜支撑与后浇混凝土的钢筋绑扎、模板支设干涉影响较大，施工人员为了施工方便，有时擅自拆除临时斜支撑，存在较大的安全风险。

6. 斜支撑设置数量不足问题

预制墙板吊装作业时，作业人员缺乏安全意识和基本常识，为了节省时间，墙板吊装就位后，只用一套或一根斜支撑对墙板进行临时固定（图 6-10），导致墙板位置、垂直度等无法准确调整，还存在倒塌的风险。

7. 过度支撑问题

由于对预制构件斜支撑技术和原理不了解，本来应采用两点斜支撑即可，却在中间部位又增加了一道斜支撑（图 6-11），中间部位的支撑属于过度支撑，浪费人工及材料，还影响构件位置和垂直度的调整。

▲ 图 6-10　预制墙板用一根斜支撑临时固定

▲ 图 6-11　预制墙板中间增加了一个斜支撑

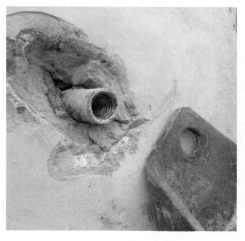

▲ 图 6-12　不牢固的斜支撑固定点

8. 预制构件上斜支撑固定点不牢靠的问题

预制构件在制作或运输过程中，未对构件上斜支撑固定点加以保护，造成固定点松动或破损（图 6-12），导致现场斜支撑安装麻烦，也存在固定点被拔出的风险。

6.2.2　水平预制构件临时支撑常见问题

1. 满堂红支撑再满铺木板的问题

个别项目在采用满堂红支撑体系的同时还在叠合楼板安装部位满铺了木板（图 6-13），造成了很大的浪费。

2. 独立支撑设计随意的问题

关于独立支撑体系（图6-14）方面的标准规范，笔者发现目前仅有《装配式结构独立钢支柱临时支撑系统应用技术规程》（DB37/T 5053—2016），但该规范没有给出钢支柱设置的标准和具体要求，设计往往也不给出具体要求，施工现场仅靠经验进行布置，存在随意性和盲目性，易导致安全隐患。

▲ 图 6-13　叠合楼板下面满铺木板浪费严重　　▲ 图 6-14　独立支撑体系

3. 材料管理不善的问题

独立支撑使用后，部品部件随意堆放（图6-15），容易造成变形、损坏，给后续使用带来质量和安全隐患。

4. 独立支撑立杆间距和位置问题

独立支撑搭设时，立杆间距和位置随意调整，导致间距过大或过小，以及纵向位置不在一条线上，造成标高不准、受力不均（图6-16），影响施工质量和安全。

▲ 图 6-15　随意堆放的独立支撑部品部件　　▲ 图 6-16　独立支撑搭设不规范

5. 悬挑预制构件临时支撑问题

水平预制构件中有些属于悬挑构件，例如阳台、空调板等。悬挑构件在采用独立支撑体系的同时，还应采取防止移位的固定措施。图 6-17 就是只对阳台平板部分进行了竖向支撑，阳台在施工中向外发生移位，造成安全和质量问题的实例。图 6-18 是日本悬挑预制构件临时支撑的实例，值得参考借鉴。

▲ 图 6-17　预制阳台移位实例

▲ 图 6-18　日本悬挑预制构件
临时支撑实例

6.3　临时支撑问题预防措施

由于临时支撑体系现行标准不完善，所以临时支撑体系应按照设计要求进行搭设，如果设计未明确相关要求，施工单位需会同设计单位、预制构件工厂共同做好施工方案，报监理批准后方可实施，并对相关人员做好安全技术交底。施工图设计阶段，施工企业如参与协同设计，应提出临时支撑布置与锚固设计的要求，支撑体系应与后浇混凝土作业区域进行避让，留出钢筋绑扎和支模空间。新型支撑体系须经过专家评审后再加以应用。

1. 竖向预制构件临时支撑常见问题预防措施

（1）临时斜支撑体系支撑杆等部品部件进场时应进行严格的验收，避免存在质量问题。

（2）斜支撑端部弯钩宜采用锻造和冲压工艺加工的弯钩（图 6-19）。

（3）斜支撑宜采用锚环作为地锚预埋件（图 6-20 和图 6-21），锚环宜采用 HPB300 钢筋或 Q235B 圆钢，并严格按照图纸的直径和

▲ 图 6-19　锻造工艺加工的弯钩

形状尺寸及锚固要求制作,现场埋设时严格按照设计要求进行。如果采用膨胀螺栓作为斜支撑的地锚,需要楼面混凝土强度达到 20MPa 以上,且需采用两个膨胀螺栓,严禁使用单个膨胀螺栓作为斜支撑的地锚(图6-8)。

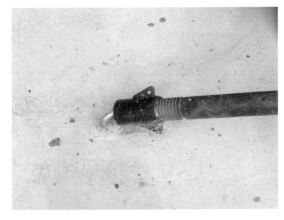
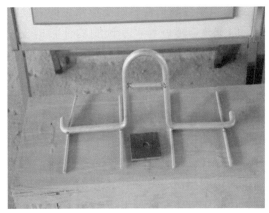

▲ 图 6-20　采用锚环作为地锚预埋件　　　　▲ 图 6-21　锚环实物

(4)采用锚环预埋方式时,应在叠合层浇筑前预埋,且应与桁架筋连接在一起,要确保预埋位置的准确性,浇筑混凝土时应避免锚环移位,如果移位,要及时校正。

(5)根据斜支撑地锚位置和预制构件上固定点的位置,精准计算长短斜支撑的使用长度,保证临时固定时丝杆咬合长度符合要求,并满足拉拔受力要求。

(6)斜支撑与后浇混凝土等工序作业相互影响时,应根据现场施工程序,合理调配作业时间,保证各道工序作业有序进行,严禁擅自拆除斜支撑系统。

(7)竖向预制构件的斜支撑一般为两根或两套,使用过程中,严禁私自更改使用数量,如遇特殊情况,须经设计验算后方可进行更改(图6-22和图6-23)。

▲ 图 6-22　预制柱斜支撑体系　　　　　▲ 图 6-23　预制剪力墙板斜支撑体系

(8)预制构件生产、运输和吊装过程中,应注意成品保护,防止构件上斜支撑固定点预埋件受损,影响后续作业和安全。

（9）斜支撑体系搭设完成后，质检人员和监理人员应对搭设的合理性、牢靠性进行检查验收，合格后方可进行下道工序作业。

2. 水平预制构件临时支撑常见问题预防措施

（1）叠合楼板等水平预制构件临时支撑宜采用独立支撑体系，应由设计人员给出支撑方案。

（2）为保证独立支撑搭设的规范性、安全性，应在独立支撑搭设前，制订专项技术方案。

（3）独立支撑体系配件较多，个别配件比较薄弱，倒运、使用及存放等环节，应规范作业，并加以保护，防止主杆体或配件变形、弯曲及锈蚀等问题的出现，对支撑体系的受力要求产生影响，造成质量和安全隐患。

（4）独立支撑立杆位置和间距要严格按照设计要求进行布置，还应控制好独立支撑离墙体的距离。

（5）独立支撑立杆下部的三脚架必须搭设牢固（图6-24）。

▲ 图6-24　立杆三脚架必须搭设牢固

（6）悬挑预制构件除平板下面搭设独立支撑体系外，还应设置斜支撑、拉索等，防止悬挑构件在水平方向移位。

（7）预制梁除正常搭设下部支撑架体外，还应设置斜支撑（图6-25），防止移位。

（8）楼层较高或跨层空间支撑杆过长容易发生失稳，应加密布置或加大支撑杆直径。

（9）独立支撑体系搭设完成后，质检人员和监理人员应对搭设的合理性、牢靠性进行检查验收，合格后方可进行下道工序作业。

▲ 图6-25　预制梁设置斜支撑

6.4　拆除临时支撑的条件

（1）各种预制构件拆除临时支撑的条件应当由设计给出。

（2）行业标准《装配式混凝土结构技术规程》对临时支撑拆除给出了以下要求：

1）预制构件连接部位后浇混凝土及灌浆料的强度达到设计要求后，方可拆除临时固定措施。

2）叠合预制构件在后浇混凝土强度达到设计要求后，方可拆除临时支撑。

（3）在设计没有要求的情况下，建议参照《混凝土结构工程施工规范》（GB 50666—2011）中"底模拆除时的混凝土强度要求"的标准确定（表6-1）。

表 6-1　现浇混凝土底模拆除时的混凝土强度要求

预制构件类型	预制构件跨度/m	达到设计混凝土强度等级值的百分率（%）
板	≤2	≥50
	>2，≤8	≥75
	>8	≥100
梁、拱、壳	≤8	≥75
	>8	≥100
悬臂结构		≥100

（4）预制柱、预制墙板等竖向预制构件的临时支撑拆除时间可参照灌浆料制造商的要求来确定，如北京建茂公司生产的 CGMJM-Ⅵ型高强灌浆料，要求灌浆后灌浆料同条件试件强度达到 35MPa 后方可进入后续施工（扰动），通常环境温度在 15℃以上时，24h 内预制构件不得受扰动；环境温度在 5℃～15℃时，48h 内预制构件不得受扰动，拆除支撑要根据设计荷载情况确定。

第 7 章
预制构件安装部位现浇混凝土问题及预防措施

本章提要

对预制构件安装部位现浇混凝土问题进行了举例分析,并对预制构件安装部位现浇混凝土常见问题进行了梳理汇总,给出了预防问题的措施和已经出现问题补救处理的流程,并分别对伸出钢筋误差过大、混凝土误差过大、混凝土强度不足等问题提出了处理办法。

7.1 预制构件安装部位现浇混凝土问题举例

1. 伸出钢筋误差大

图 7-1 是预制构件安装部位现浇混凝土伸出钢筋位置误差过大的一个案例。

钢筋向外严重偏离,不仅仅造成自身保护层厚度不够,预制构件也没有办法安装,或者是安装后构件与现浇面会有严重错位。

如果伸出钢筋位置误差大,现场硬弯钢筋,或用气焊烧软了弯曲(图 7-2),甚至偷偷把钢筋切断,都是一些非常野蛮的做法,会对结构安全造成重大隐患。

▲ 图 7-1 预制构件安装部位现浇混凝土伸出钢筋严重偏位

▲ 图 7-2 用气焊烤弯钢筋的野蛮作业

2. 混凝土质量存在问题

图 7-3 是预制构件安装部位现浇混凝土质量存在问题的一个案例。

混凝土强度低，缺棱掉角，结合面平整度也差。修补前没有办法进行接缝封堵，也就无法进行灌浆作业。修补能否达到设计要求，无法判断。预制构件已经安装就位，给修补作业增加了难度。另外由于结合面平整度误差较大，会对灌浆质量造成影响。

3. 混凝土和伸出钢筋都存在问题

图 2-5 是预制构件安装部位现浇混凝土和伸出钢筋都存在质量问题的案例。

混凝土标高误差大、平整度差，伸出钢筋长短不一。伸出钢筋长了，可以切割到设计

▲ 图 7-3　预制构件安装部位现浇混凝土质量严重缺陷

尺寸；伸出钢筋短了，如果直接连接，接头距离大了，就会影响钢筋的有效连接，存在结构安全质量隐患。混凝土标高和平整度问题会影响接缝封堵、灌浆等作业效果及质量。

7.2　预制构件安装部位现浇混凝土常见问题及预防措施

7.2.1　预制构件安装部位现浇混凝土常见问题

预制构件安装部位现浇混凝土存在的问题主要有伸出钢筋误差过大、混凝土误差过大、混凝土强度不足以及钢筋锈蚀、污染等。

1. 伸出钢筋误差过大

（1）伸出钢筋位置误差过大（图 7-4）就无法插入灌浆套筒，或者勉强插入套筒，紧贴套筒内壁，灌浆料拌合物无法对连接钢筋形成有效的握裹，从而造成结构安全隐患。伸出钢筋紧贴套筒内壁还有可能堵塞灌浆孔及出浆孔，造成无法灌浆，或出浆孔不出浆。

（2）伸出钢筋尺寸过长或过短（图 2-5），增加整改工作量，影响工期，处理不当，还会影响连接质量和结构安全。

▲ 图 7-4　伸出钢筋位置误差过大

2. 混凝土误差过大

（1）混凝土标高高于设计要求就会造成预制构件无法安装，或者安装后接缝太小，无法进行正常的灌浆作业。

（2）混凝土标高低于设计要求（图7-5）就会增加接缝封堵难度，也会导致灌浆料用量增加。

▲ 图7-5 混凝土标高低于设计要求

（3）混凝土平整度误差大（图7-6）就有可能造成预制构件无法安装，以及接缝封堵不密实，灌浆料拌合物流动不畅，灌浆不饱满等。

（4）楼梯间墙板现浇混凝土误差大（图7-7）。楼梯间剪力墙模板如果加固不牢靠，混凝土浇筑胀模，就会造成安装净空间小于预制楼梯净宽，无法正常安装。

3. 混凝土强度不足

混凝土强度不足（图7-3）会造成结构安全隐患。

4. 伸出钢筋锈蚀、污染严重

伸出钢筋锈蚀以及被油或混凝土等污染（图7-8）影响灌浆料拌合物对钢筋的握裹力，存在安全质量隐患。

▲ 图7-6 混凝土平整度误差大

▲ 图7-7 楼梯间墙板现浇混凝土误差大

7.2.2 伸出钢筋误差大的原因及预防措施

1. 伸出钢筋误差大的原因

预制构件安装部位现浇混凝土伸出钢筋位置、伸出长度允许偏差及检验方法见表7-1。

▲ 图7-8 伸出钢筋被混凝土污染

表7-1 预制构件安装部位现浇混凝土伸出钢筋位置、伸出长度允许偏差及检验方法

项目	允许偏差/mm	检验方法
中心位置	+3 0	尺量
伸出长度、顶点标高	+15 0	

（1）伸出钢筋位置误差大的原因主要有：

1）没有采用定位钢板（图 7-9）。

2）定位钢板没有经过放线校正，或加固不牢靠。

3）采用了刚度不够的定位板，如木质定位板（图 7-10）。

4）混凝土浇筑时造成定位钢板移位。

5）混凝土浇筑时胀模或模板移位。

（2）伸出钢筋尺寸误差大的主要原因有：

1）钢筋下料错误，如伸出钢筋长度没有考虑 20mm 接缝高度；或者是忽略了钢筋规格不同，伸出长度应不同等因素。

2）钢筋绑扎不规范。

2. 伸出钢筋误差大的预防措施

（1）混凝土浇筑前做好隐蔽工程验收。包括：

1）根据设计图纸要求，检查伸出钢筋的型号、规格、数量及尺寸是否正确，保护层是否满足设计要求。

2）根据楼层标高控制线，采用水准仪复核伸出钢筋长度是否符合设计图纸要求。

▲ 图 7-9 伸出钢筋定位钢板

▲ 图 7-10 木质定位板刚度不够造成伸出钢筋位置误差

3）根据施工楼层轴线控制线，检查伸出钢筋的间距和位置是否准确。

（2）采用定位钢板对伸出钢筋进行固定，定位钢板安装后进行位置复核校正，并固定牢靠（图 7-11 和图 7-12）。

▲ 图 7-11 现浇柱钢筋定位模板

▲ 图 7-12 现浇墙板钢筋定位模板

（3）混凝土浇筑及振捣时，精心作业，认真看护，防止定位钢板移位及混凝土胀模或模板移位。

（4）在混凝土浇筑完成后，需再次对伸出钢筋位置及伸出长度进行复核检查。

7.2.3 混凝土误差大的原因及预防措施

1. 混凝土误差大的原因

（1）标高测量有误。

（2）混凝土浇筑时，没有严格按标高浇筑。

（3）混凝土浇筑后，结合面没有及时处理。

2. 混凝土误差大的预防措施

（1）精确放线及确定标高。

（2）混凝土浇筑前，标记好标高控制线，施工人员分区域拉线控制混凝土标高。

（3）混凝土浇筑后，进行结合面检查并进行抹面修整。

（4）楼梯间等现浇混凝土模板支设应规范、牢固。

7.2.4 混凝土强度不足的原因及预防措施

1. 混凝土强度不足的原因

（1）混凝土的原材料水泥、石子、沙子或外加剂存在质量问题。

（2）混凝土配合比存在问题，包括加水量大，外加剂添加量不准确，尤其是添加量过大等。

（3）模板封闭不严导致水泥浆渗漏。

（4）混凝土振捣不密实或过振造成混凝土离析。

（5）没有进行有效的养护。

（6）冬期施工混凝土受冻。

2. 混凝土强度不足的预防措施

（1）对购买的预拌混凝土要进行严格的检验和验收，确保预拌混凝土供应单位的混凝土原材料质量及配合比符合规范和设计要求。

（2）强化模板支设、混凝土浇筑及振捣的作业管理，防止水泥浆渗漏，保证振捣密实及适度。

（3）混凝土浇筑后及时养护，保水、保湿。

（4）冬期施工时，做好保温防护措施，防止混凝土受冻。

7.2.5 伸出钢筋锈蚀及污染的原因及预防措施

1. 伸出钢筋锈蚀及污染的原因

（1）钢筋进场前或存放期间锈蚀或被污染。

（2）施工间隔过长，风吹雨淋造成伸出钢筋锈蚀。

（3）混凝土浇筑时伸出钢筋被混凝土污染。

2. 伸出钢筋锈蚀及污染的预防措施

（1）钢筋进场时要进行严格的检查与验收。

（2）钢筋及成型后的钢筋骨架存放时要进行苫盖，并垫高存放。

（3）施工作业要形成流水作业，对暂时不能安装预制构件部位的伸出钢筋要进行防护。

（4）浇筑混凝土时要精心操作，避免污染伸出钢筋。也可以用 PVC 管对伸出钢筋进行防护。

7.2.6　伸出钢筋规格、数量错误的原因及预防措施

1. 伸出钢筋规格、数量错误的原因

钢筋翻样下料时作业人员没有看清图纸，检查人员没有认真检查。

2. 伸出钢筋规格、数量错误的预防措施

作业人员需要严格按照设计图纸翻样下料，检查人员对翻样下料、绑扎成型等每个环节都要认真检查，并做好混凝土浇筑前的隐蔽工程验收。

7.3　已经出现问题补救处理流程

预制构件安装部位现浇混凝土问题补救处理方式分为两种，一种是由项目技术负责人会同监理人员确定补救处理方案，一种是由设计人员下达补救处理方案。两种补救处理方式的范围及流程如下：

（1）预制构件安装部位现浇混凝土伸出钢筋长度超过设计长度、混凝土标高超过允许误差、混凝土表面不平整、伸出钢筋表面锈蚀或受污染等问题由项目技术负责人会同监理人员确定补救处理方案。

补救处理流程为：

1）项目技术负责人组织相关质量检查人员、施工人员对出现的问题进行分析，并提出解决方案。

2）将解决方案报请监理人员审核批准后将方案下达给施工人员实施。

3）项目技术负责人、质量检查人员及监理人员应对问题处理的全过程进行监督检查，并进行验收。

（2）预制构件安装部位现浇混凝土伸出钢筋位置偏差过大、伸出钢筋长度小于设计长度、伸出钢筋数量及规格错误、混凝土强度不足等问题须由设计人员下达补救处理方案。

补救处理流程为：

1）项目技术负责人及监理人员组织相关质量检查人员、施工人员对出现的问题进行调查了解，并将调查了解的实际情况提交给设计人员。

2）设计人员对收到的调查情况进行分析，有必要时需要到现场实际查看，并以设计变更单的形式下达补救处理方案。

3）补救处理方案实施过程中，项目技术负责人、质量检查人员及监理人员应对全过程进行监督检查，并进行验收。

7.4　伸出钢筋误差过大处理办法

1. 伸出钢筋位置误差大处理办法

如果伸出钢筋位置有误差，但在允许和可以调整的范围内，可以采用专用工具进行校正（图 7-13）。切记因校正过度造成现浇混凝土结构破损（图 7-14）。

如果伸出钢筋位置误差大，无法校正时，可以将误差过大的伸出钢筋切割掉，并采取在正确的位置植筋方式进行补救处理。

植筋锚固长度须满足设计或产品说明书的要求，如果没有足够的锚固空间，不得采用植筋的方式。

▲ 图 7-13　用钢管校正伸出钢筋位置

▲ 图 7-14　伸出钢筋位置校正过度造成现浇混凝土结构破损

植筋需要设计人员通过结构设计验算下达具体的植筋方案（图 7-15），植筋前需做拉拔试验，满足设计验算要求后，方可进行植筋。植筋步骤为：弹线定位→钻孔→清孔→注胶→植筋→验收，植筋后进行拉拔试验，确认植筋是否满足要求。

2. 伸出钢筋尺寸误差大处理办法

（1）伸出钢筋长度超过实际长度时，可以采用角磨机将伸出钢筋切割到设计尺寸。切割时应先进行精确测量，并做好标记，防止切割造成尺寸偏差，同时切割后的钢筋端部一定要平齐。

（2）伸出钢筋长度小于设计长度时，可以采取植筋的方式进行补救处理，但植筋需要设计人员通过计算给出具体的植筋方案。

3. 伸出钢筋数量或规格错误处理办法

伸出钢筋数量或规格很少出现错误，但一旦出现就比较难以处理。

（1）伸出钢筋数量少了或规格小了，一般都是由于设计或钢筋下料绑扎错误造成的，这

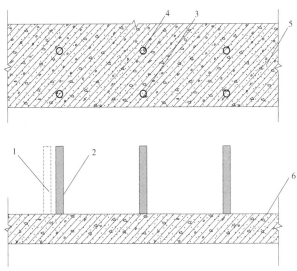

▲ 图 7-15 伸出钢筋偏位采取植筋的处理方法示意图
1—需要切割的偏位伸出钢筋 2—植入的伸出钢筋 3—灌浆套筒灌浆孔
4—灌浆套筒出浆孔 5—预制构件 6—现浇混凝土

种情况一般需要拆除出现错误的现浇部位，重新进行施工。

（2）伸出钢筋数量多了，即使切除多出的钢筋，剩余钢筋也很难与灌浆套筒一一对位。只能采用大部分切割掉，然后采取植筋的方式进行补救处理。

（3）伸出钢筋规格大了有两种补救处理办法，一种是全部切割掉，然后采取植筋的方式进行补救处理，一种是订制一个灌浆套筒与伸出钢筋匹配的预制构件。

4. 伸出钢筋锈蚀、污染处理办法

伸出钢筋锈蚀，以及被油或混凝土污染，一般需要采用人工除锈或清理的补救处理办法，有必要时可以使用一些没有腐蚀作用的化学试剂。

7.5 混凝土误差过大处理办法

1. 混凝土超过标高的处理办法

预制构件安装部位现浇混凝土超过标高一般是采用将高出部分剔凿掉的处理办法。剔凿时一方面要避免剔凿过大，造成接缝尺寸超标，另一方面要注意剔凿时保证结合面的平整度，避免灌浆时灌浆料拌合物流动不畅，影响灌浆质量。

2. 混凝土低于标高的处理办法

如果预制构件安装部位混凝土低于标高对接缝封堵及灌浆影响不是很大，可以不做处理。这样由于接缝高度大了，灌浆料用量会增加。

如果预制构件安装部位混凝土低于标高过大，就可以多剔凿掉一些现浇混凝土，重新支模并浇筑混凝土，达到设计标高。

　　3. 混凝土平整度误差大的处理办法

　　预制构件安装部位混凝土结合面平整度误差大的处理方法一般都是采用剔凿的方式将结合面尽可能找平。

　　4. 楼梯间墙板现浇混凝土误差大的处理办法

　　经过测量，指定超差位置并计算出超差值，对混凝土剪力墙进行剔凿（图7-7），满足安装要求后安装预制楼梯，楼梯安装完毕后，对凿除的墙面进行修补处理。

7.6　混凝土强度不足处理办法

　　造成预制构件安装部位混凝土强度不足的原因较多，确定处理方法前要先对造成强度不足的原因进行分析，从根本上找出相应的处理方法。混凝土强度不足常用的处理方法有：

　　（1）如果仅仅是结合面表层混凝土强度不足，可以采取剔凿后，用高强度混凝土修补的方法进行处理。

　　（2）如果是现浇构件整体混凝土强度不足可以采用外包加固的处理方法。外包加固材料可以采用混凝土，也可以采用碳纤维，还可以采用钢材等。如果混凝土强度严重不足，就需要将整个现浇构件拆毁，重新支模浇筑。

第8章
重大问题 1——预制构件安装问题及预防措施

本章提要

  对预制构件安装问题进行了举例分析，汇总并分析了预制构件常见问题的原因及危害，给出了预制构件避免安装问题的措施和处理办法，并对预制构件安装需要特别注意的几个问题提出了具体建议及做法。

8.1 预制构件安装问题举例

  预制构件安装是装配式混凝土建筑施工最重要、最核心的环节，目前构件安装出现问题的频次较高，这些问题对建筑功能、建筑美观甚至对建筑结构安全都有一定的影响。下面举例进行说明。

1. 大多数项目预制构件没有直接吊装

  我国绝大多数装配式混凝土建筑项目施工过程中，预制构件没有从运输车上直接进行吊装作业，而是先卸到存放场地（图 8-1），然后再进行吊装作业，不但占用大面积施工场地，还影响施工效率，也容易造成构件损坏。国外的装配式混凝土建筑项目基本都是采用预制构件直接吊装的方式（图 8-2），效率高、工期短、成本低。

▲ 图 8-1　我国某装配式项目施工现场存放大量预制构件

▲ 图 8-2　日本装配式项目预制构件直接吊装作业

2. 安装了存在质量问题的预制构件

预制构件安装完成后，才发现存在质量问题，甚至存在影响结构安全的问题。出现这个问题主要有以下三个原因：

（1）预制构件在出厂前，就存在质量问题，因进场检查验收不到位，未发现问题，导致安装了存在质量问题的构件。

（2）预制构件在施工现场存放不当，造成损坏，吊装时没有进行检查或检查不到位，导致安装了存在质量问题的构件。

（3）预制构件在吊装过程中，因磕碰、吊具利用错误等造成构件损坏，问题未被及时发现，导致安装了存在质量问题的构件。

存在影响结构安全质量问题的预制构件安装后，如果能及时发现，可以采取更换构件的方式加以补救，但会延误工期，影响整体施工进度；如果未能及时发现，本层后续作业已经完成，甚至上面楼层已经开始施工，很难采取补救措施，即使可以采取，投入的成本也会相当大。

▲ 图 8-3　上返梁偏位

3. 某项目测量放线不准确导致外立面平整度超差

测量放线作业是装配式建筑施工的重要环节，如果测量放线出现错误，会给后续施工带来很多问题。如某项目施工时，转换层上返梁测量放线尺寸错误，造成横向偏位（图 8-3），上部竖向预制构件无法正常安装就位，接缝也无法进行封堵（图 8-4），导致返工返修及工期拖延。

▲ 图 8-4　无法进行接缝封堵

4. 某项目部分预制墙板拼装后错台严重

某项目在预制墙板安装过程中发现墙板倾斜 3mm，因预制构件垂直度安装误差要求为 ±4mm，所以未做调整。进行上一层同位置的墙板吊装时，发现上下墙板存在错台现象，无论如何调整，错台都无法避免，由于墙板安装误差的层层累积，再加上构件自身的误差，导致错台误差随层数的增加而不断加大（图 8-5）。

5. 某项目预制柱安装方向错误

某项目预制框架柱截面为正方形，三面有灌浆孔，无灌浆孔的一面应在混凝土墙一侧（图 8-6），以方便其他三个面的灌浆作业。而在安装过程中，作业人员未注意安装方向问题，将无灌浆孔的一面朝外，导致预制混凝土墙相邻的一面，由于空间狭小（宽度仅为 200mm），灌浆

▲ 图 8-5　形成错台的实例

作业十分困难，灌浆质量无法保证（图8-7和图8-8）。

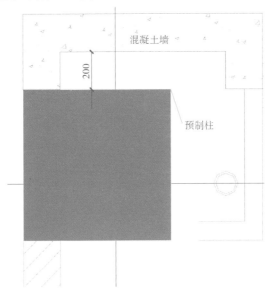

▲ 图 8-6　预制框架柱安装构造示意图

▲ 图 8-7　预制框架柱安装方向错误

▲ 图 8-8　空间狭小灌浆作业困难

8.2　预制构件安装常见问题的原因及危害

　　为了让装配式混凝土建筑施工人员对预制构件安装环节的问题有个全面的了解，对问题的预防和解决有所帮助，笔者列出了预制构件安装常见问题清单，并对产生的原因和造成的危害进行了分析阐述（表8-1），仅供读者参考。施工人员可以根据项目具体情况及实践经验对此表内容进行增减。

表8-1　预制构件安装常见问题的原因及危害

序号	问题描述	产生的原因	造成的危害
1	构件型号吊装错误	（1）构件出厂时未标记编号或编号标记不清晰 （2）构件出厂时编号标记错误 （3）作业人员用相同尺寸构件进行盲目替换	（1）及时发现并替换费工费时 （2）安装后未及时发现可能会产生以下危害： 1）给下道工序作业带来影响 2）对预埋进行更改、更换，增加费用 3）严重的将影响建筑的使用功能 4）造成应吊装而未吊装构件的浪费
2	构件破损	（1）构件进场检查验收不到位 （2）构件现场存放不规范 （3）构件吊装过程中磕碰 （4）强度不达标即进行吊装作业 （5）吊具使用不当	（1）增加修补时间和费用 （2）影响其他作业程序施工 （3）影响建筑美观 （4）构件严重破损有可能影响建筑安全
3	竖向构件吊装位置偏差	（1）未进行测量放线复测，致使吊装错误 （2）吊装作业完成后未校正即进行下道工序施工 （3）作业人员责任心不强，对吊装偏差没有及时调整 （4）垫块垫置不规范造成构件侧向倾斜误差	（1）影响建筑美观 （2）影响二次结构施工质量 （3）净空超差，影响分户验收 （4）严重的误差会影响建筑结构安全
4	预制梁挠度过大	（1）未达到设计强度前存放方式不对或叠放层数过多 （2）吊装前未检查验收 （3）未按要求加设支撑点	（1）挠度过大影响项目验收 （2）增加论证及加固处理费用 （3）影响结构美观
5	叠合板吊装方向错误	（1）构件生产时未标记构件安装方向 （2）构件生产时预埋预留孔洞被混凝土掩埋，无法辨析 （3）吊装作业人员不熟悉图纸，未注意预埋及孔洞位置	（1）桁架筋方向错误，造成构件受力偏差，影响结构质量 （2）影响线盒与线管的正常安装 （3）对偏差进行调整，增加成本
6	楼梯多层集中吊装	（1）楼梯生产供应不及时，影响正常吊装施工 （2）其他工序的施工材料未转移或及时拆除，无楼梯吊装作业面进行施工 （3）吊装人员为集中施工，进行多层集中吊装	（1）多层集中吊装容易磕碰构件或其他结构，造成相应损坏 （2）加大施工难度，影响整体吊装施工质量 （3）存在吊装盲区，容易产生安全事故 （4）多层集中吊装，无正常上下的通道，造成诸多施工影响和障碍

（续）

序号	问题描述	产生的原因	造成的危害
7	预制阳台钢筋锚固不当	（1）钢筋焊接不牢固，在混凝土浇筑时发生偏移 （2）阳台构件存在吊装偏移，导致阳台钢筋错位 （3）未按设计要求的钢筋锚固长度进行锚固作业	（1）预制阳台易发生折断等现象，影响结构安全 （2）造成位移偏差，影响门窗等其他程序安装施工作业 （3）影响建筑整体美观
8	外挂墙板吊装错台	（1）测量放线存在误差 （2）构件质量存在问题 （3）构件安装未调整垂直度 （4）现浇混凝土结构本身存在误差且无法调整	（1）导致墙体垂直度超差，影响外观质量 （2）构件倾斜存在安全隐患 （3）影响其他作业程序的正常施工 （4）增加后期维护成本
9	外挂墙板连接焊缝长度和高度等不符合设计或规范要求	（1）为加快进度，未按照要求进行焊接 （2）焊接作业人员技能水平不足，无法达到设计的焊接要求 （3）连接件安装偏差，导致焊接无法达到设计要求	（1）存在严重质量缺陷的，将无法通过验收 （2）外挂墙板连接不牢固，存在脱落的安全隐患 （3）外挂墙板易产生倾斜、移位等现象，影响建筑美观
10	外挂墙板活动节点的螺栓拧得过紧	活动节点的螺栓未按设计给出的扭矩及预紧力进行作业	影响节点的活动，形成刚性约束，容易造成墙板被动变形
11	更改楼梯滑动支座安装形式	为了施工方便，将预制楼梯滑动支座擅自更改为固定支座（如灌浆填充）	当地震时，楼梯与主体结构相碰撞，损坏楼梯，破坏了逃生通道，还会对主体结构造成破坏
12	外挂墙板等安装节点金属连接件及其焊缝的防锈蚀未处理或处理不到位	（1）金属连接件的镀锌处理未达到使用期限要求 （2）焊接时破坏镀锌层，后续未加以重新处理	（1）锈蚀严重，承载力下降，会导致构件脱落的重大安全事故 （2）锈蚀点经雨水冲刷，会留下锈蚀痕迹，影响美观
13	构件吊装不平衡	（1）异型构件吊点位置设计不合理 （2）吊装索具选用不合理，造成吊装不平衡	（1）因不平衡吊装，易造成构件磕碰损坏 （2）重心严重偏移，可能会造成构件从高空坠落

（续）

序号	问题描述	产生的原因	造成的危害
14	吊装效率低、工期延长	（1）作业人员技能水平低，无法满足正常施工节奏 （2）施工组织混乱，经常性出现人员窝工或吊装不及时现象 （3）吊装作业材料准备不充分，影响正常吊装作业的进行 （4）构件生产及进场未按需求计划执行，造成现场停工 （5）构件未在运输车上进行直接吊装作业，影响整体施工效率 （6）未进行单元试吊装，对作业程序安排不当	（1）影响其他作业程序正常进行 （2）增加设备租赁费用 （3）增加人工等施工费用 （4）未按合同约定竣工验收及交房，可能导致合约纠纷及索赔
15	参与吊装作业的人员过多造成浪费	（1）作业人员技能水平差、作业效率低 （2）组织管理不到位，造成人员投入浪费 （3）构件设计不合理，致使作业人员增加	增加人工费用及项目成本

8.3 避免预制构件安装问题的措施

为了防止表 8-1 中各种安装问题的出现，在安装作业前，施工单位应制订相应的预防措施，采取相应的预防办法。

8.3.1 与设计单位和预制构件工厂做好协同

施工单位应与设计单位、预制构件工厂建立有效的协同沟通机制，对吊装各环节可能出现的问题进行规避，对已经出现的问题拿出解决办法，具体协同内容及方式详见本书第 1 章 1.3 节和 1.4 节。

8.3.2 制订有针对性的专项吊装方案

专项吊装方案应根据项目特点进行编制，将主要内容进行详细的方案解析，使其具备可实施性、可操作性。专项方案的主要内容包括：

（1）详细的现场平面布置。

（2）详细的预制构件需求计划。

（3）各阶段详细的人工、设备需求计划。

（4）预制构件进场检查、验收标准。

（5）测量放线及复测方案。

（6）施工设备、工具及材料准备方案。

（7）预制构件全过程安装标准及方法。

（8）预制构件质量检查、验收标准。

8.3.3 对作业人员进行专项技术交底

对作业人员进行技术交底，使作业人员了解所吊装的预制构件的特点以及各种吊装用具的使用办法等，保证吊装质量、效率和安全。

1. 与吊装作业相关的技术交底内容

（1）预制构件进场检查验收技术交底。

（2）预制构件吊装技术交底。

（3）预制构件吊装后验收技术交底。

2. 技术交底的要求和方式

（1）技术交底要以审批确认的专项施工方案为依据。

（2）依据专项施工方案工艺流程，对各个作业环节进行详细说明，对于复杂作业环节，宜辅助三维图样或模型进行交底。

（3）技术交底要图文并茂、直观、简练、易懂。

（4）当改变工艺时必须重新进行技术交底。

（5）对新入场人员或新调岗人员必须进行全面的技术交底。

8.3.4 做好各环节的质量检查与验收工作

依据专项吊装方案，做好和吊装作业有关的各阶段质量检查与验收，可以有效控制吊装作业的质量。各环节质量检查与验收主要包括：

（1）预制构件进场质量检查与验收。

（2）预制构件存放质量检查与验收。

（3）安装材料进场质量检查、检测与验收。

（4）安装结合面质量检查与验收。

（5）测量放线及复测的质量检查与验收。

（6）吊装作业全过程质量检查与验收。

（7）成品保护工作质量检查与验收。

8.3.5 精确测量放线

放线是装配式建筑施工的关键工序。放线人员必须是经过培训的专业技术人员。放线完毕后，需要经过项目的质检或技术人员进行认真复核确认，确认无误后方可进行下一步施工。预制构件安装放线要点如下：

（1）采用仪器将建筑首层轴线控制点投设至施工层。

（2）根据施工图纸弹出轴线及控制线。

（3）根据施工楼层基准线和施工图纸进行预制构件位置边线（预制构件的底部水平投影框线）的确定。

（4）预制构件位置边线放线完成后，要用醒目颜色的油漆或记号笔做出定位标志（图8-9），定位标志要根据方案设计明确设置，对于轴线控制线、预制构件边线、预制构件中心线及标高控制线等定位标志应明显区分。

（5）预制构件安装原则上以中心线控制位置，误差由两边分摊。可将构件中心线用墨斗分别弹在结构和构件上，方便安装就位时定位测量。

（6）预制剪力墙外墙板、预制外挂墙板、预制悬挑楼板和位于建筑表面的预制柱、预制梁的"左右"方向与其他预制构件一样以轴线作为控制线。"前后"方向以外墙面作为控制边界，外墙面控制可以采用从主体结构探出定位杆进行拉线测量的办法进行控制。预制墙板放线定位原则如图8-10所示。

▲ 图8-9 放线定位标志

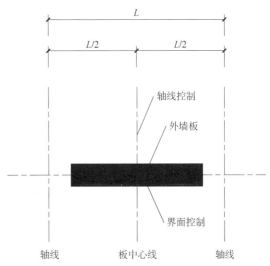

▲ 图8-10 预制墙体放线定位原则示意图

（7）建筑内墙预制构件，包括预制剪力墙内墙板、预制内隔墙板、预制内梁等，应采用中心线定位法进行定位控制。

8.3.6 做好单元试安装

单元试安装（图8-11）是指在正式安装前对平面跨度内包括各类预制构件的单元进行试验性的安装，以便提前发现、解决安装存在的问题，并在正式安装前做好各项准备工作。

单元试安装的要点如下：

（1）确定试安装的单元和范围。

（2）依据施工计划内容，列出所有预制构件及部品部件，并确认已经到场。

▲ 图8-11 单元试安装实例

（3）准备好试安装所需设备、工具、设施、材料、配件等。

（4）组织好试安装的相关人员。

（5）进行试安装前安全和技术交底。

（6）安排试安装过程的技术数据记录。

（7）测定每个预制构件、部品部件的安装时间和所需人员数量。

（8）判定吊具的合理性、安全性和支撑系统在施工中的可操作性、安全性。

（9）检验所有预制构件之间连接的可靠性，确定各个工序间的衔接。

（10）检验施工方案的合理性、可行性，并通过试安装优化施工方案。

8.4　竖向预制构件避免安装问题的措施

竖向预制构件安装时，除了按照 8.3 节的要求制定专项吊装方案、技术交底、做好各环节质量检查验收、测量放线、单元试安装外，还需根据预制构件特点，采取其他避免安装问题的措施。

1. 预制柱避免安装问题的措施

（1）预制柱吊装前，需要对结合面的混凝土和连接钢筋质量进行检查，质量有缺陷的应先进行处理。同时需将混凝土表面和钢筋表面清理干净。

（2）用水平仪按设计要求测量预制柱底部标高，在预制柱下面用垫片垫至标高（通常为 20mm），垫片设置三点，位置均在距离柱角向内 100mm 处。

预制柱标高也可采用螺栓控制（图 8-12），利用水平仪将螺栓标高测量准确。过高或过低可采用松紧螺栓的方式来控制预制柱的高度及垂直度。

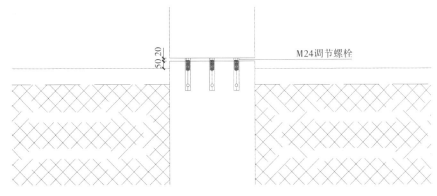

▲ 图 8-12　预制柱标高控制螺栓示意图

（3）根据实际情况选用合适的吊具，将吊具与预制柱连接牢固。预制柱运输及存放一般都是水平放置，预制柱吊装的第一个环节是将预制柱立起，立起时预制柱接触的地面部位需铺垫轮胎或其他软质材料，防止预制柱破损（图 8-13 和图 8-14）。起吊过程中，预制柱不得与其他构件发生碰撞。

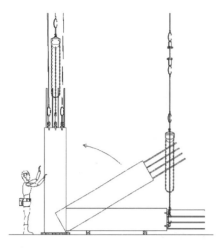

▲ 图 8-13　预制柱翻转起吊示意图

▲ 图 8-14　预制柱起吊实例

（4）预制柱就位时，预制柱两侧挂线坠对准地面上的控制线，预制柱底部套筒与地面伸出钢筋对准后，将预制柱缓缓下降，使之平稳就位（图 8-15 和图 8-16）。

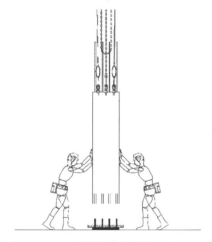

▲ 图 8-15　预制柱安装就位示意图

▲ 图 8-16　预制柱安装就位实例

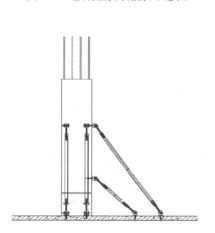

▲ 图 8-17　预制柱安装斜支撑示意图

（5）安装第一层预制柱时，应特别注意质量，使之成为以上各层的基准。

（6）预制柱就位后，马上安装斜支撑对预制柱进行临时固定，在预制柱相邻两个面各支设 1 道双支撑（每道长、短各一只作为一套配合使用），长支撑的支撑点宜在柱高的 2/3 左右（图 8-17）。

（7）采用斜支撑上的可调螺杆对预制柱垂直度和水平位置进行调节。

（8）灌浆料强度达到设计要求后方可拆除斜支撑。

（9）预制柱就位后至灌浆料强度达到设计要求

前，严禁其他作业对预制柱造成扰动。

2. 预制剪力墙板避免安装问题的措施

预制剪力墙板包括预制剪力墙外墙板和预制剪力墙内墙板。

（1）预制剪力墙板吊装前，需要对结合面的混凝土和连接钢筋质量进行检查，质量有缺陷的应先进行处理。同时需将混凝土表面和钢筋表面清理干净。

（2）根据接缝封堵方案提前做好堵缝的相关作业。如果采用座浆料座浆封堵法，要按照设计要求在结合面上提前铺设座浆料。如果采用橡塑海绵胶条封堵，无保温的普通剪力墙外墙板，要将合适规格的橡塑海绵条粘贴在墙板底部外侧；夹芯保温剪力墙外墙板，橡塑海绵胶条应粘贴在保温层上，并用铁钉固定，避免胶条移位。胶条的宽度及高度要合适，要保证钢筋保护层厚度，高度要高出调平垫块 5mm（图 8-18）。

▲ 图 8-18　粘贴橡塑海绵胶条

（3）准确进行标高测量和设定，标高控制垫片通常在每块剪力墙板下面端部各设置 2 点，位置均在距离剪力墙板外边缘 20mm 处，垫片标高要提前用水平仪测量好，标高以本层板面设计结构标高+20mm 为准，如果过高或过低可通过增减垫片数量进行调节，直至达到要求为止。

（4）剪力墙板吊装时，必须使用专用吊具，起吊过程中，剪力墙板不得与摆放架发生碰撞。

（5）剪力墙板就位时要缓慢下落，待到距伸出钢筋顶部 20mm 处，利用反光镜进行伸出钢筋与套筒的对位，剪力墙板底部套筒与伸出钢筋对准后，将剪力墙板缓慢下降，使之平稳就位。

▲ 图 8-19　剪力墙板双支撑固定实例

（6）剪力墙板安装时，由专人负责用 2m 吊线尺紧靠剪力墙板板面下伸至楼板面进行对线（剪力墙内侧中心线及两侧位置边线）。

（7）剪力墙板就位后，立即安装斜支撑进行临时固定。每块剪力墙板安装 2 道双支撑（每道长、短各一只作为一套配合使用），如图 8-19 所示。斜支撑固定牢靠后方可摘除吊具（图 8-20）。

（8）剪力墙板安装固定后，通过斜支撑的可调螺杆进行剪力墙板位置和垂直度的精确调整，

▲ 图 8-20　斜支撑固定后摘除吊具

剪力墙板的里外位置通过调节短支撑螺杆实现，剪力墙板的垂直度通过调节长支撑实现，直至剪力墙板的位置及垂直度均校正至允许误差范围之内。剪力墙板安装的位置应以下层外墙面为准。

（9）安装固定剪力墙板的斜支撑，必须在本层现浇混凝土达到设计强度后，方可拆除。在此期间，严禁其他作业对剪力墙板造成扰动。

8.5　钢筋或套筒误差无法安装的处理办法

8.5.1　钢筋或套筒误差出现的原因

1. 钢筋误差出现的原因

（1）焊接预埋钢筋时定位错误。

（2）混凝土浇筑时扰动钢筋产生偏移。

（3）测量放线误差导致钢筋偏位。

2. 套筒误差出现的原因

（1）预制构件制作时套筒预埋位置错位（图8-21）。

（2）深化设计详图套筒预埋位置与现浇层伸出的连接钢筋位置不符。

8.5.2　钢筋或套筒误差处理办法

（1）若钢筋出现错位较小，用铁锤敲击连接钢筋，使连接钢筋与套筒对正。

（2）若钢筋出现错位较大，在保证伸出钢筋的连接长度的前提下，剔凿钢筋周围混凝土，用工具将钢筋掰弯、修正（图8-22）。

▲ 图8-21　预制构件制作时套筒偏位

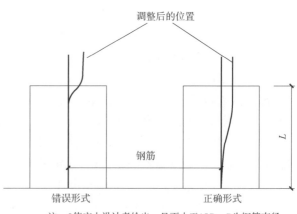

调整后的位置

L

钢筋

错误形式　　　　　正确形式

注：L值应由设计者给出，且不小于$15D$，D为钢筋直径

▲ 图8-22　钢筋偏位调整处理示意图

（3）若钢筋错位严重，施工单位可以提出建议，并通过监理及设计单位提出相应修改意见，即割掉连接钢筋，并在正确位置进行植筋。如套筒错位过大，要求预制构件工厂返厂返修或更换预制构件。

（4）若套筒出现错位时，应通过监理单位后将预制构件进行退场处理。

8.6　水平预制构件避免安装问题的措施

水平预制构件安装时，除了按照 8.3 节的要求制定专项吊装方案、技术交底、做好各环节质量检查验收、测量放线、单元试安装外，还需根据预制构件特点，采取其他避免安装问题的措施。

1. 预制梁避免安装问题的措施

（1）预制梁吊装前按设计要求进行支撑体系搭设，预制梁支撑体系通常使用盘扣架，立杆步距不大于 1.5m，水平杆步距不大于 1.8m。如果预制梁高度尺寸较大，施工方案需要斜支撑辅助的，预制梁在制作时便需安装好斜支撑预埋件。

（2）预制梁吊装一般采用梁式吊具（图 8-23），吊具与梁要连接紧固，起吊过程中，梁伸出钢筋不得与其他物体发生碰撞。

（3）预制梁就位降落要缓慢平稳，就位后如标高有误差，采用调节立撑至预定标高。

（4）标高调整到位，支撑紧固后，方可摘除吊具。

2. 叠合楼板避免安装问题的措施

（1）叠合楼板吊装前保证支撑体系搭设完成，高度达到设计标高，支撑间距符合设计要求（图 8-24）。

▲ 图 8-23　预制梁吊装　　　　　　▲ 图 8-24　叠合楼板独立支撑体系

（2）调节叠合楼板平整度，应同时调节单块叠合楼板下的所有独立支撑。

（3）叠合楼板安装前不需要放置现浇墙柱定位箍筋，现浇梁上部钢筋也不要绑扎，防止叠合楼板无法就位。

（4）叠合楼板起吊时，要尽可能减小在应力方向因自重产生的弯矩，应根据叠合楼板的尺寸选择适宜的吊具（图8-25）。

（5）叠合楼板上部线盒位置及出厂标记的箭头位置，是确定叠合楼板平面位置和方向的依据。

（6）叠合楼板吊装前应标出安装位置线，并从平面布置的一端按照顺序进行吊装。

（7）所有叠合楼板吊装完成后，再整体进行支撑体系的调整，保证整个楼层叠合楼板的平整度，且保证支撑体系受力均匀。

（8）叠合楼板安装后，严格控制叠合楼板上不得有集中过重的荷载。

3. 预制阳台避免安装问题的措施

（1）预制阳台属于悬挑构件（图8-26），支撑体系竖杆的支撑间距较叠合板支撑体系要小，支撑间距不宜大于1.2m。吊装前将支撑体系顶端调节至设计标高。

（2）保证伸出钢筋与后浇节点的锚固质量。

（3）拆除临时支撑前要保证现浇混凝土强度达到设计要求。

（4）施工过程中，严禁在预制阳台上放置重物。

（5）阳台属于具有造型的预制构件，验收标准要高，避免因构件尺寸问题影响后期成型效果，尺寸偏差较大的构件需返厂处理。

▲ 图8-25   叠合楼板吊装

▲ 图8-26   预制阳台吊装就位

4. 预制空调板避免安装问题的措施

（1）严格检查伸出钢筋的长度、直径是否符合图纸要求。

（2）伸出钢筋要与主体结构的钢筋焊接牢固，保证后浇混凝土时预制空调板不产生移位。

（3）确保支撑体系稳定可靠，吊装前需将支撑体系顶端调整至设计标高。

8.7 伸出钢筋干涉无法安装的处理办法

1. 伸出钢筋干涉无法安装的几种类型

（1）水平预制构件与竖向预制构件钢筋干涉。

（2）水平预制构件与水平预制构件钢筋干涉。

（3）竖向预制构件与竖向预制构件钢筋干涉。

（4）预制构件与后浇混凝土钢筋干涉。

2. 伸出钢筋干涉无法安装的处理办法

（1）出现伸出钢筋干涉导致预制构件无法安装时，施工单位不得擅自处理，更不得违规将干涉钢筋割断、割掉。

（2）出现伸出钢筋干涉导致预制构件无法安装时，施工单位应向监理人员报告，能够现场处理的，由施工单位技术人员会同监理人员按规范要求给出处理方案，现场没有能力处理的，应请设计人员给出处理方案。

（3）技术人员按照处理方案对施工人员进行技术交底。

（4）施工人员按处理方案处理后，质检人员和监理人员应对处理结果进行检查验收，验收合格方可进行下步工序作业。

8.8 外挂墙板避免安装问题的措施

1. 外挂墙板错台及阴阳角预防措施

（1）要保证外挂墙板自身垂直、平整度达到设计要求。

（2）要保证各层的平面控制线、外挂墙板控制线及边线精准、无误（图 8-27 和图 8-28）。

（3）保证安装、焊接、铰接的牢固性，防止外挂墙板移位。

（4）在吊装过程中，保证外挂墙板的垂直度、平整度满足质量要求（图 8-29）。

2. 外挂墙板连接问题预防措施

（1）外挂墙板制作时要保证预埋件位置的准确性。

（2）应保证预埋件材料质量符合国家标准及设计要求。

▲ 图 8-27 标注外挂墙板控制线

▲ 图 8-28 测量外挂墙板垫块高度

▲ 图 8-29 外挂墙板平整度达到要求

（3）保证现场安装、预埋或焊接的预埋件位置准确，与外挂墙板上预埋件位置相符（图 8-30）。

（4）应保证焊接或铰接的质量要求，使外挂墙板能够连接牢靠，防止安全事故的发生（图 8-31）。

（5）应认真区分外挂墙板的固定节点和活动节点，活动节点的螺栓必须按设计给出的扭矩及预紧力进行作业。

▲ 图 8-30 保证预埋件位置准确

（6）应对连接件或预埋件进行防锈蚀、防火处理，还应防止防锈蚀、防火面层破损。

3. 外挂墙板垂直、水平缝质量控制措施

（1）要保证外挂墙板自身垂直缝、水平缝的平整、笔直。

（2）应保证外挂墙板板缝四周为弹性密封构造，安装时严禁在板缝中放置硬质垫块，避免外挂板通过垫块传力造成节点连接破坏、缝隙变形。

（3）外挂板墙上下校正时，应以竖缝为主调整（图 8-32）。

（4）外挂板山墙阳角与相邻板阳角缝隙校正，应以阳角为基准调整。

▲ 图 8-31 保证外挂墙板连接牢靠

▲ 图 8-32 外挂板安装完成

8.9 其他构件避免安装问题的措施

1. 预制楼梯避免安装问题的措施

（1）根据设计图纸，在上下楼梯休息平台板上分别放出楼梯定位线（图 8-33）。

（2）如果有预留连接钢筋的，检查预留连接钢筋位置和尺寸，针对偏位钢筋进行校正。

（3）放置标高垫块，并用干硬性砂浆封堵楼梯与楼梯梁的接触面外侧的缝隙。

（4）用吊钩及长短绳索吊装预制楼梯，保证楼梯的起吊角度与就位后的角度一致，为了角度可调也可用两个手拉葫芦代替下侧两根钢丝绳（图 8-34）。

（5）待楼梯下放至距楼面 60cm 处，作业工人稳住楼梯，根据水平控制线缓慢下放楼梯，如有预留连接钢筋，应注意将钢筋与楼梯的预留孔洞对准后，将楼梯安装就位。

▲ 图 8-33 放出楼梯定位线

▲ 图 8-34 预制楼梯吊装

2. 预制飘窗避免安装问题的措施

（1）预制飘窗在施工现场有平放或立放两种存放方式。平放时，起吊前需要翻转；立放时，需要采取墙体面斜支、凸出面下侧顶支的方式，以确保飘窗稳定（图 8-35）。

（2）用塑料保护套对窗框进行保护，防止预制飘窗吊装时窗框磕碰损坏。

（3）由于预制飘窗属于异型构件，吊装时须采用平面架式吊具，以保证吊装及就位过程中预制飘窗保持平衡。

（4）预制飘窗的整个吊装过程，要轻起慢落。要用牵引绳牵引就位，就位后要立即安装斜支撑，斜支撑固定牢靠后，再摘下吊具（图 8-36）。

▲ 图 8-35　预制飘窗立放

▲ 图 8-36　预制飘窗就位安装

3. 预制女儿墙避免安装问题的措施

（1）要保证预制女儿墙横向钢筋连接的完整性，避免发生质量问题。

（2）因无顶板受力，要保证女儿墙斜支撑连接的牢固性，防止出现构件高空坠落、倾覆等现象。

4. 异型及复合预制构件避免安装问题的措施

（1）根据具体情况制定专项吊装方案，并且要经过反复论证确保吊装安全、吊装精度和吊装质量。

（2）确定吊点时要经过严格的计算，保证起吊时构件保持平衡。如果吊点位置受限，需要设计专用吊具。

（3）异型及复合预制构件重心偏移，造成倾覆的可能性较大，因此，在没有连接牢固前要通过支撑及拉拽的方式将其固定住。

（4）异型预制构件安装时，调整标高的垫片不宜超过 3 点。重量较大的构件标高调整垫片须使用钢垫片。

（5）异型及复合预制构件就位后要及时固定，而且要充分考虑到所有自由度的约束，同时保证所有固定点牢固可靠。

（6）异型及复合预制构件的支撑体系要严格按照设计方案搭设（图 8-37）。

（7）细长的柱类预制构件容易折断，在翻转、吊立的过程中要避免急速。

8.10　安装问题处理办法

（1）施工人员发现安装问题后马上告知质检人员，由质检人员进行检查确认。

（2）质检人员经过测量、检验，确认存在安装问题，应立即向项目负责人报告。

（3）项目负责人组织技术人员、质检人员、施工人员会同监理人员一起对安装问题进行分析、判断。

▲ 图 8-37　预制复合构件支撑体系

（4）监理人员与技术人员能够给出问题处理方案的，应尽快给出处理方案，必要时处理方案需报甲方批准或备案。

（5）监理人员与技术人员无法给出问题处理方案的，应请甲方委托设计人员给出处理方案。

（6）涉及安全质量隐患的重大问题，设计人员无法解决的，甲方须请专家进行论证，并给出处理方案。

（7）解决安装问题需要预制构件等部品部件工厂参与的，应及时通知工厂。

（8）需经过检测机构检测的，甲方或施工单位应委托第三方检测机构进行检测。

第9章
重大问题2——灌浆不饱满问题及预防措施

本章提要

　　对灌浆连接容易出现的问题进行了举例分析，梳理汇总了灌浆连接常见问题清单，指出了问题的危害及原因，给出了避免灌浆不饱满的具体措施，并对灌浆操作需要特别注意的几个问题提出了具体建议及做法。

9.1　灌浆连接问题举例

1. 出浆孔被堵塞
图9-1是灌浆套筒出浆孔被堵塞的一个案例。

预制构件安装后，发现灌浆孔或出浆孔堵塞，无法进行灌浆作业。构件安装前需要先对堵塞的孔进行疏通、清理，如果堵塞严重，无法处理，就需要将构件返厂。

2. 结合面未清理
图9-2是结合面未清理的案例。

预制构件安装前，对结合面未进行彻底清理，留有混凝土残渣等杂物，会影响灌浆效果，甚至因堵塞导致灌浆失败。

3. 接缝封堵不严实
图9-3是接缝封堵不严实的案例。

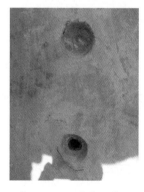  

▲ 图9-1　灌浆套筒出浆　　　▲ 图9-2　结合面存有杂物　　　▲ 图9-3　接缝封堵
　　　　孔堵塞　　　　　　　　　　　　　　　　　　　　　　　　　　　　不严实

接缝封堵不严实会造成漏浆，如果漏浆严重，会导致灌浆失败。

9.2　灌浆连接常见问题清单、危害及原因

1. 灌浆孔、出浆孔堵塞

危害：灌浆套筒灌浆孔或出浆孔堵塞（图 9-1），就会造成灌浆作业无法正常进行，如果不进行疏通、清理就进行灌浆作业，很可能导致灌浆不饱满，造成严重的结构安全隐患。

原因：

（1）预制构件制作时没有及时有效地对灌浆或出浆导管进行临时封堵，导致混凝土等杂物进入导管。

（2）存放或运输过程中未封堵导管口，导致杂物进入导管。

2. 灌浆时部分出浆孔未出浆

危害：部分出浆孔未出浆（图 9-4），表明灌浆不饱满、不密实，影响结构安全。

原因：

（1）未进行分仓，或者分仓过大，未出浆的出浆孔距离灌浆孔较远。

（2）分仓时，分仓材料宽度或高度不够，灌浆料拌合物串仓，导致灌浆不饱满。

（3）结合面不平整，个别套筒底部水平缝过小，灌浆阻力大，导致该部位套筒灌浆不饱满。

（4）结合面清理不干净，灌浆时，杂物进入灌浆套筒。

（5）连接钢筋偏位，套筒出浆口被插入套筒的连接钢筋挡住，使浆料无法正常流出。

（6）灌浆机压力不够，无法使浆料从每一个出浆孔流出。

3. 接缝封堵漏浆或爆开

危害：接缝封堵漏浆或爆开（图 9-5）会导致灌浆不饱满、不密实，还可能造成接缝处渗漏，以及造成受力钢筋锈蚀，导致结构安全隐患。

原因：

（1）接缝封堵材料不能满足施工要求，无法承受灌浆时的压力。

（2）接缝封堵时间较短，封堵材料强度尚未达到灌浆要求的强度就开始灌浆。

▲ 图 9-4　出浆孔未出浆

▲ 图 9-5　接缝封堵开裂

（3）接缝封堵过薄，无法承受灌浆时的压力。

（4）因施工安装原因造成接缝高度过大，且接缝封堵时未采取加固措施。

4. 出浆孔不饱满有部分回落现象

危害：出浆孔浆料有回落现象（图9-6），表明套筒内浆料不密实，影响结构安全。

原因：

（1）灌浆作业时最后一个出浆口出浆后，灌浆机没有按要求静置保压，立刻关闭灌浆机造成浆料回流。

（2）灌浆料未严格按水料比进行搅拌，加水过多。

（3）预制构件底部键槽设计不合理，灌浆时无法将键槽充填密实，灌浆后导致浆料回落。

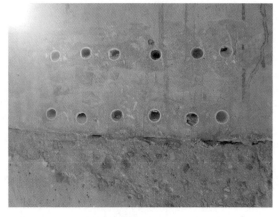

▲ 图9-6　出浆孔浆料回落

5. 保温层封堵不严导致漏浆

危害：夹芯保温剪力墙板保温层封堵不严（图9-7）容易造成整面墙漏浆，灌浆后套筒内浆料回落，导致灌浆失败，影响结构安全。

原因：

（1）所用的橡塑海绵胶条厚度不够。

（2）混凝土浇筑后结构标高低于设计要求。

（3）调整标高的垫块高度过高。

6. 接缝缝隙过小

危害：接缝缝隙过小（图9-8），就会导致灌浆料无法流动，灌浆作业无法进行。

原因：

（1）混凝土浇筑后的结构标高过高。

（2）安装过程中未进行标高调节，预制构件下面没有放置垫块。

▲ 图9-7　保温层封堵胶条

7. 灌浆料拌合物流动度过小

危害：灌浆料拌合物流动度过小（图9-9），就会导致灌浆料拌合物无法在连通腔内正常流动，导致灌浆失败；还有可能堵塞灌浆设备，导致灌浆作业无法进行，甚至造成灌浆机损坏。

原因：

▲ 图9-8　接缝缝隙过小

（1）未严格按水料比进行搅拌，加水过少。

（2）搅拌时间不够。

（3）搅拌后静置时间过长，使用前没有进行二次搅拌。

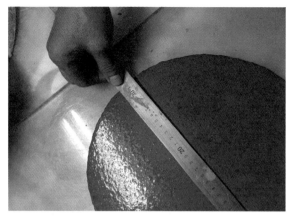

▲ 图 9-9　灌浆料拌合物流动度检测

9.3　剪力墙灌浆分仓、构造设计与作业要点

1. 剪力墙灌浆分仓原因及目的

单仓（单个连通腔）长度越长，灌浆阻力就越大，灌浆不饱满的风险就越高；同时由于单仓长度长，需要较大的灌浆压力，对接缝封堵材料的强度要求就高，否则容易出现接缝封堵开裂或爆仓的现象，影响正常灌浆。所以预制剪力墙板灌浆前需要对接缝处先进行分仓。

分仓后，灌浆料拌合物能够在有效的压力作用下顺利排出仓内的空气，使灌浆料拌合物充满整个仓内及套筒内部，达到钢筋有效可靠连接的目的。

2. 剪力墙分仓构造设计

利用强度不低于 50MPa 的座浆料对预制剪力墙的灌浆区域进行分仓，一般单仓长度在 1.0~1.5m 之间，或 3~4 个钢筋套筒为 1 个单仓，也可以经过实体灌浆试验后确定单仓长度。

剪力墙分仓构造如图 9-10 所示。

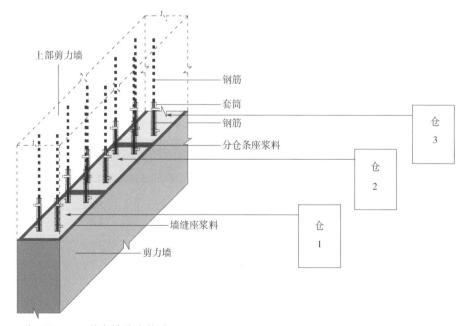

▲ 图 9-10　剪力墙分仓构造图

3. 剪力墙分仓作业要点

（1）用风筒将预制剪力墙下的结合面水平缝内残渣、灰尘清理干净。

（2）分仓部位用水湿润，湿润后进行分仓作业。

（3）座浆料按照厂家提供的水料比进行搅拌，待搅拌充分后进行铺设。

（4）分仓作业时控制好分仓料与主筋的间距，分仓部位与主筋间距应大于50mm。

（5）分仓座浆料的高度应比正常标高略高，一般高出5mm左右，宽度在20~30mm之间（图9-11）。

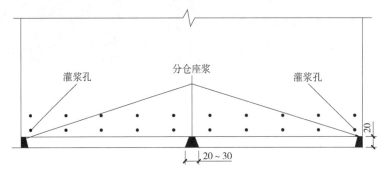

▲ 图9-11 剪力墙分仓示意图

（6）分仓后在预制剪力墙板上标记分仓位置，并记录分仓时间，以便于计算分仓座浆料的强度。

9.4 接缝封堵方法和避免漏浆措施

9.4.1 接缝封堵方法

预制柱、预制墙板等竖向预制构件的接缝封堵方法见表9-1。

表9-1 预制柱、预制墙板接缝封堵方法

预制构件类型		方木封堵	充气管封堵	橡塑海绵胶条封堵	座浆料封堵		木板封堵
					座浆法	抹浆法	
预制柱		☑	☑	☒	☒	☑	☒
预制剪力墙内墙板		☒	☒	☒	☒	☑	☒
普通预制剪力墙外墙板	有脚手架	☒	☒	☒	☑	☑	☑
	无脚手架	☒	☒	☑（外侧、在保证钢筋保护层厚度的前提下）	☑	☑（内侧）	☒
预制夹心剪力墙外墙板		☒	☑	☑（外侧保温板处）	☑（内侧）	☑（内侧）	☒

9.4.2　避免漏浆措施

1. 方木封堵避免漏浆的措施

方木封堵是预制柱接缝常用的一种封堵方式（图 9-12），避免漏浆的主要措施如下：

（1）预制柱根部周围须清理干净。

（2）预制柱与方木接触的部位粘贴双面胶条。

（3）方木下面先用砂浆垫起，接缝封堵后再用砂浆进行细部处理。

（4）预制柱严禁使用座浆法封堵。

（5）预制柱接缝封堵需要 4 根方木，方木与预制柱的接触面要刨平整。两根短方木，尺寸与预制柱对面的两个边等长；另外两根比其他两个边尺寸长 400mm。

2. 充气管封堵避免漏浆的措施

充气管封堵也是预制柱接缝封堵的一种方式（图 9-13），日本采用较多，避免漏浆的主要措施如下：

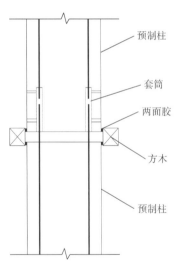

▲ 图 9-12　方木封堵方式示意图　　　▲ 图 9-13　充气管封堵实例

（1）充气管的直径要大于封堵缝的间隙 2～3mm，充气管长度比预制柱周长尺寸长出 300mm。

（2）提前对充气管气密性进行检测，充气达到 1.2～1.5MPa，充气管未发生变形方可使用。

（3）预制柱底部与结合面的接缝应清理干净，接缝部位需用水润湿。

（4）充气管直径约 2/3 应塞进预制柱根部，绕预制柱根部一周，节点部位进行封闭，首尾相连。

（5）充气管充气后，应检查充气管封堵的密闭情况。

3. 座浆料封堵避免漏浆的措施

座浆料封堵分为座浆封堵法（图 9-14）和抹浆封堵法（图 9-15），一些预制柱的混凝土强度在 C50 以上，座浆料的强度一般达不到 C50，如果采用座浆方式，会影响接缝处的受剪承载力，因此高强度等级混凝土柱不能采用座浆方式施工。

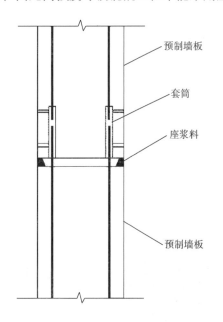

▲ 图 9-14　座浆料座浆封堵法示意图

预制墙板

套筒

座浆料

预制墙板

▲ 图 9-15　座浆料抹浆封堵法实例

座浆料座浆封堵法和抹浆封堵法避免漏浆的主要措施分别如下：

（1）座浆料座浆封堵法避免漏浆的措施

1）一般采用抗压强度为 50MPa 的座浆料，座浆 24h 后可以灌浆。

2）预制剪力墙底部与结合面的接缝应清理干净，封堵部位需用水润湿，保证座浆料与混凝土之间良好的粘结性。

3）座浆料宽度 20mm，长度与预制剪力墙长度尺寸相同，高度高出调平垫块 5mm，座浆料的外侧与预制剪力墙的边缘线齐平。

4）预制剪力墙安装后，对座浆料进行抹平，确保封堵密实。

（2）座浆料抹浆封堵法避免漏浆的措施

1）一般采用抗压强度为 50MPa 的座浆料，抹浆 24h 后可以灌浆。

2）预制柱或预制剪力墙底部与结合面的接缝应清理干净，封堵部位需用水润湿，保证座浆料与混凝土之间良好的粘结性。

3）用专用工具（或 PVC 管）作为座浆料封堵模具塞入接缝中，抹好后抽出专用工具，抽出时不要扰动抹好的座浆料。

4）座浆料宜抹压成一个倒角，可增加与楼地面的摩擦力。

5）座浆料封堵完成后外侧可以用宽度为 20~30mm 木板靠紧，并用水泥钉进行加固，木板加固的方式可以缩短接缝封堵与灌浆时间间隔，提高接缝封堵强度和效率。

4. 橡塑海绵胶条封堵避免漏浆的措施

橡塑海绵胶条封堵（图 9-16 和图 9-17）避免漏浆的主要措施如下：

（1）橡塑海绵胶条的厚度应大于调整标高 15~20mm。

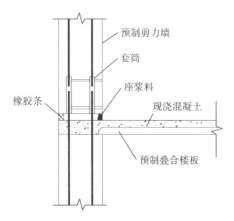

▲ 图 9-16　座浆料和橡塑海绵胶条组
合封堵方式示意图

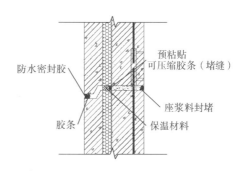

▲ 图 9-17　夹芯保温剪力墙座浆料与
橡塑海绵胶条组合封堵方式示意图

（2）结合面表面须清理干净。

（3）撕掉橡塑海绵胶条的外衬，将橡塑海绵胶条粘贴在结合面（预制夹芯保温剪力墙板为保温材料）表面。

（4）为防止橡塑海绵胶条移位，可利用铁钉将胶条固定在结合面上。

9.5　嵌入式封堵避免削弱钢筋保护层的措施

嵌入式封堵有两种方式，一种是采用塑胶海绵胶条进行封堵，一种是采用座浆料进行封堵。为避免削弱钢筋保护层，封堵时应采取以下措施。

1. 塑胶海绵胶条封堵方式

（1）塑胶海绵胶条的宽度需经过计算，满足钢筋保护层要求；塑胶海绵胶条的厚度满足构件安装的要求。

（2）塑胶海绵胶条尽可能靠近预制墙板外侧。

（3）塑胶海绵胶条须固定牢靠，防止移动、偏位。

2. 座浆料封堵方式

座浆料封堵时，为了防止钢筋保护层过薄，封堵前可根据钢筋位置及

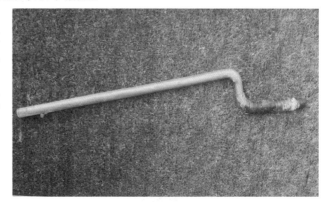

▲ 图 9-18　专用封堵工具

墙板底缝高度制作特定尺寸工具如图 9-18 所示。封堵作业时，先将其深入钢筋与外缝之间，并与钢筋保持一定距离，再进行封堵。在封堵时该工具随封堵的位置而移动，全部封堵完成后将其抽出，再对抽出部位进行封堵。

9.6　灌浆料制备要点

（1）选用的灌浆料必须与预制构件的连接套筒相匹配。

（2）灌浆料制备前应查看生产日期，确保灌浆料在保质期内。

（3）根据产品说明书的水料比要求用量杯准确称量水。

（4）将水倒入搅拌桶内，加入70%~80%的灌浆料，用搅拌器搅拌1~2min（图9-19）。

▲ 图9-19　灌浆料搅拌

（5）加入剩余灌浆料，再次搅拌3~4min。

（6）搅拌完毕后静置2~3min，待浆料内气泡自然排出后进行灌浆作业。

9.7　灌浆作业要点

1. 灌浆前准备工作

（1）灌浆前，向项目负责人通报灌浆栋号、楼层及位置，批准后进行灌浆作业，并通知监理人员进行旁站监督。

（2）检查灌浆搅拌工具和灌浆机械是否完好清洁，材料是否齐全。灌浆前要对灌浆设备进行灌水调试，确保灌浆机运行正常。

（3）检查预制构件所有孔洞是否畅通，如遇孔洞堵塞，需进行处理。

（4）进行接缝封堵及分仓作业，待达到一定强度后再进行灌浆作业。

（5）制备灌浆料，并进行初始流动度检测（图9-9）。

2. 竖向预制构件套筒灌浆作业要点

（1）将灌浆机用水湿润，避免设备机体干燥，吸收灌浆料拌合物内的水分，影响灌浆料拌合物流动度。

（2）将搅拌好的灌浆料拌合物倒入灌浆机料斗内（图9-20），开启灌浆机。

▲ 图9-20　灌浆料拌合物倒入灌浆机料斗

（3）待灌浆料拌合物从灌浆机灌浆管流出，且流出的灌浆料拌合物为"柱状"后，将灌浆管插入需要灌浆的预制剪力墙或预制柱的灌浆孔内，并开始灌浆（图 9-21）。

（4）剪力墙或柱等竖向预制构件各套筒底部接缝连通时，对所有的套筒采取连续灌浆的方式，连续灌浆是用一个灌浆孔进行灌浆，其他灌浆孔、出浆孔都作为出浆孔。

（5）待出浆孔出浆后用堵孔塞封堵出浆孔（图 9-22），封堵时需要观察灌浆料拌合物流出的状态，灌浆料拌合物开始流出时，封堵塞倾斜 45°角放置在出浆孔下面，待出浆孔流出圆柱体灌浆料拌合物后，将封堵塞塞紧出浆孔。

▲ 图 9-21　开始灌浆

（6）待所有出浆孔全部流出圆柱体灌浆料拌合物并用封堵塞塞紧后，灌浆机持续保持灌浆状态 5 ~ 10s，关闭灌浆机，灌浆机灌浆管继续在灌浆孔保持 20 ~ 25s 后，迅速将灌浆机灌浆管撤离灌浆孔，同时用堵孔塞迅速封堵灌浆孔，灌浆作业完成。

（7）当需要对剪力墙或柱等竖向预制构件的连接套筒进行单独灌浆时，预制构件安装前需使用密封材料对灌浆套筒下端口与连接钢筋的缝隙进行密封。

▲ 图 9-22　封堵出浆孔

3. 水平钢筋套筒灌浆连接作业要点

（1）将所需数量的梁端箍筋套入其中一根梁的钢筋上或柱的伸出钢筋上。

（2）在待连接的两端钢筋上套入橡胶密封圈。

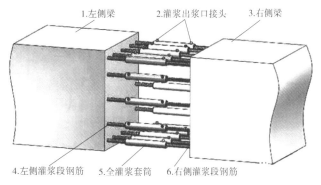

▲ 图 9-23　水平钢筋套筒灌浆连接示意图

（3）将灌浆套筒的一端套入柱或其中一根梁的待连接钢筋上，直至不能套入为止。

（4）移动另一根梁，将连接端的钢筋插入到灌浆套筒中，直至不能伸入为止（图 9-23）。

（5）将两端钢筋上的密封胶圈嵌入套筒端部，确保胶圈外表面与套筒端面齐平。

（6）将套入的箍筋按图纸要求均匀分布在连接部位外侧并逐道绑扎牢固。

（7）将搅拌好的灌浆料拌合物装入手动灌浆枪，开始对每个灌浆套筒逐一进行灌浆。

（8）采用压浆法从灌浆套筒一侧灌浆孔注入，当灌浆料拌合物在另一侧出浆孔流出时停止灌浆，用堵孔塞封堵灌浆孔和出浆孔，灌浆结束（图9-24）。

（9）灌浆套筒灌浆孔、出浆孔应朝上，保证灌满后的灌浆料拌合物高于套筒外表面最高点。

（10）灌浆孔、出浆孔也可在灌浆套筒水平轴正上方±45°的锥体范围内，并在灌浆孔、出浆孔安装有孔口超过灌浆套筒外表面最高位置的连接管或接头。

4. 灌浆作业质量控制要点

（1）灌浆作业必须严格遵照施工专项方案进行。

（2）灌浆人员须进行灌浆操作培训，经考核合格并取得相应资格证后方可上岗作业。

（3）灌浆作业全过程须有质检员和旁站监理负责监督和记录。

（4）灌浆作业全过程须进行视频记录。

（5）灌浆前应检查灌浆套筒或浆锚孔的通畅情况。

▲ 图9-24　使用手动灌浆枪进行水平钢筋套筒灌浆

（6）灌浆料搅拌时应严格按照产品说明书要求计量灌浆料和水的用量，搅拌均匀后，静置约 2~3min，使灌浆料拌合物内气泡自然排出后再进行灌浆作业。

（7）按要求每工作班应制作一组灌浆料抗压强度试件。

（8）每班灌浆前，要进行灌浆料拌合物初始流动度检测，记录流动度参数，确认合格后方可进行灌浆作业。

（9）灌浆前应检查接缝封堵质量是否满足压力灌浆要求。

（10）灌浆料拌合物应在灌浆料生产厂给出的时间内完成灌浆作业，且最长不宜超过30min。已经开始初凝的灌浆料拌合物不能继续使用。

（11）竖向钢筋套筒灌浆施工时，出浆孔未流出圆柱体灌浆料拌合物不得进行封堵，静置保持压力时间不得少于30s；水平钢筋套筒灌浆施工时，灌浆料拌合物的最低点低于套筒外表面不得进行封堵。

（12）每个水平缝连通腔只能从一个灌浆孔进行灌浆，严禁从两个以上灌浆孔灌浆。

（13）采用水平缝连通腔对多个套筒灌浆时，如果有个别出浆孔未灌满，应先堵死已出浆的孔，然后针对未出浆的孔进行单独灌浆，直至灌浆料拌合物从出浆孔溢出。

（14）灌浆应连续作业，严禁中途停止。

（15）冬期施工时环境温度宜在5℃以上。

（16）灌浆作业应及时做好施工质量检查记录。

（17）灌浆完成后，要对灌浆及搅拌设备进行彻底清洗，防止因残料干硬损坏设备。

9.8　灌浆失败冲洗浆料的准备、实施与检查

1. 设备、工器具和材料准备

应提前准备好冲洗浆料用的设备、工器具和材料，包括：高压冲洗机、水枪头、吹风机、电锤、角磨机、手枪钻、手电筒、小刷子、小铲、扫把、撮子、废料桶等。

2. 实施与检查

（1）将接缝封堵的方木或充气管拆除，或用电锤将接缝封堵的座浆料全部剔开（剔不到部位用角磨机切开），让仓内的浆料流出。

（2）将高压冲洗机的水枪头对准出浆口导管，开启电源开始冲洗，冲洗至该套筒内流出清水。

（3）每个套筒重复第（2）条的步骤。

（4）将接缝内的浆料用小铲等回收到撮子或废料桶中，统一进行处理。

（5）将接缝部位用水冲洗干净。

（6）对每个套筒及接缝部位是否冲洗干净进行检查。

9.9　灌浆饱满度检查方法

1. 采用仪器检测方法

在出浆孔放置灌浆饱满度检测传感器，用检测仪器对灌浆饱满度进行检测。

2. 传统人工检测方法

（1）先用手电筒照射出浆孔导管内浆料是否饱满。

（2）剔开板底接缝，查看接缝处浆料是否密实。

（3）用手枪钻将出浆孔导管内浆料全部导出，观察套筒出浆孔小孔是否密实。

9.10　旁站监理、视频、记录与档案

（1）灌浆前提前通知监理人员，灌浆时监理人员需旁站（图9-25）。

▲ 图 9-25　灌浆作业监理人员旁站

（2）灌浆过程中需全程录入视频资料。

（3）做好灌浆记录表，包括：灌浆日期、气温、灌浆部位、出浆情况、灌浆及出浆具体时间、灌浆料用量等。

（4）资料员将灌浆记录表及视频资料整理后上报存档。

第 10 章
重大问题 3——后浇混凝土质量问题及预防措施

本章提要

对后浇混凝土质量问题进行了举例分析，梳理汇总了后浇混凝土常见问题清单，指出了问题的危害和原因，给出了预防措施，介绍了后浇混凝土隐蔽工程验收清单、机械套筒连接作业要点、钢筋保护层厚度控制要点、模板架设要点和拆除条件、后浇混凝土养护要点，给出了防止兼作模板的外叶板胀模措施和避免混凝土强度等级错误的措施。

10.1 后浇混凝土质量问题举例

1. 钢筋连接问题

某项目预制墙板之间后浇暗柱纵筋位置偏差较大，预制墙板伸出的环形箍筋无法套入纵筋，造成后浇暗柱封闭箍筋绑扎困难（图 10-1）。

2. 模板支设问题

后浇混凝土模板支设部位较多，单个量较小，工作量较零碎，支设比较费工费时，部分模板支设困难。如预制楼梯的楼梯间，楼梯安装一般滞后操作面，由于空间狭窄，楼梯间后浇混凝土的模板支设比较困难（图 10-2）。

▲ 图 10-1 后浇暗柱封闭箍筋绑扎困难

▲ 图 10-2 楼梯间模板支设困难

3. 混凝土浇筑问题

某项目雨天进行的叠合楼板叠合层混凝土浇筑，在上一层预制构件吊装时发现，楼板存在大面积裂缝，业主、监理要求委托第三方对楼板进行结构强度检测，虽然检测结论是不影响结构安全，但造成了施工进度的延误。

10.2 后浇混凝土常见问题清单、危害及原因

10.2.1 后浇混凝土常见问题清单

1. 钢筋作业问题清单

（1）连接节点钢筋密集。

（2）预制构件与后浇混凝土钢筋干涉碰撞。

（3）后浇混凝土钢筋误差过大。

2. 模板作业问题清单

（1）模板支设分散、零碎。

（2）模板支设困难。

（3）模板支设不牢靠。

（4）模板拆除过早。

3. 混凝土浇筑作业问题清单

（1）混凝土浇筑漏振、过振。

（2）混凝土强度不足。

（3）混凝土钢筋保护层不够。

（4）混凝土养护不好，甚至未进行养护。

▲ 图 10-3 钢筋密集的梁柱节点

10.2.2 后浇混凝土常见问题危害

1. 连接节点钢筋密集的危害

连接节点钢筋密集（图 10-3）会造成安装作业困难，混凝土浇筑、振捣也不方便，容易导致混凝土不密实，影响结构安全。

2. 钢筋干涉碰撞的危害

预制构件伸出钢筋与后浇混凝土钢筋产生干涉，会导致预制构件安装困难或后续施工无法进行，施工人员有可能会为了方便施工，擅自割掉妨碍安装的伸出钢筋，造成结构安全隐患。图 10-4 是预制墙板水平伸出环形封闭箍筋与边缘现浇暗柱

▲ 图 10-4 环形封闭箍筋被擅自割掉实例

箍筋干涉，导致墙板安装困难，施工人员擅自割掉妨碍安装的环形封闭箍筋的实例。

3. 钢筋错位的危害

后浇混凝土钢筋错位，对预制构件安装造成影响。例如预制墙板边缘后浇暗柱纵筋错位，导致墙板安装困难，或对墙板安装产生误导，造成墙板安装错位。

4. 模板支设不牢靠的危害

后浇混凝土的模板如果支设不严密，就会出现漏浆等现象，导致后浇混凝土边角不平齐，混凝土表面出现蜂窝、孔洞等质量问题；如果支设不牢固，混凝土浇筑及振捣时，就会出现胀模等现象，导致后浇混凝土平整度、垂直度达不到设计要求。例如预制墙板边缘后浇暗柱节点模板支设时，通常会利用墙板上的预埋件，如果模板支设不牢固，现浇与预制墙板结合处的模板易变形，甚至爆模漏浆，影响墙体的平整度。再如单面叠合剪力墙板（PCF 板）如果部分连接件安装不牢固，就会导致墙板产生位移，影响外墙面平整度（图 10-5）。

▲ 图 10-5　PCF 板位移实例

5. 模板支设分散零碎问题的危害

后浇混凝土模板支设比较分散、零碎，尤其是剪力墙结构体系，虽然模板总量减少了，但作业难度却增加了，费工费时。例如预制构件之间拼缝一般较小，包括叠合板与叠合板之间拼缝、叠合板与预制梁之间拼缝、预制柱与预制梁之间拼缝，位置也分散，为了避免浇筑混凝土时出现漏浆，需要对全部拼缝进行支模，未体现装配式建筑的优势。

6. 过振漏振的危害

后浇混凝土浇筑时，如果漏振，就会造成混凝土不密实；如果过振，就会造成混凝土离析，还可能导致模板边角处漏浆。漏振、过振都会导致后浇混凝土出现一些质量方面的通病（图 10-6）。

7. 保护层厚度不够的危害

钢筋的混凝土保护层厚度不够，就会影响混凝土的耐久性。例如叠合楼板预制时如果桁架筋布置错误、误差过大，或者叠合层钢筋铺设错误，都可能造成叠合楼板叠合层钢筋保护层厚度不够（图 10-7）。

▲ 图 10-6　混凝土振捣不均匀

8. 混凝土强度等级用错的危害

如果将较高强度等级的混凝土用到了混凝土强度等级较低的部位，就造成了浪费；如果将较低强度等级的混凝土用到了混凝土强度等级较高的部位，就会影响结构安全。

9. 混凝土养护不好的危害

混凝土养护不及时或养护方式不正确，就会影响混凝土早期强度，以及造成混凝土强度达不到设计要求，导致出现结构安全隐患。例如叠合楼板叠合层后浇混凝土如果养护不及

▲ 图 10-7　叠合楼板叠合层钢筋铺设

时，特别是冬期施工时，赶工作业容易发生预制构件压坏楼面的情况。

10.2.3　后浇混凝土常见问题产生的原因

1. 设计原因

（1）目前规范和图集的预制装配思路主要倾向于简单的预制构件在工厂预制，复杂的连接和构造留给现场，造成了部分连接节点钢筋密集（图 10-3）。日本习惯于复杂的部分在工厂预制，以减轻现场连接安装的困难和压力，保证安装质量，提高安装效率（图 10-8）。

（2）设计不精细会导致钢筋干涉、错位，以及作业困难或无法作业等。例如预制墙板边缘后浇暗柱的箍筋为封闭箍筋，墙板伸出的箍筋一般也是封闭箍筋，在墙板安装完后，现场无法施工附加封闭箍筋。再如梁式阳台伸出钢筋到现浇暗柱中，与现浇梁相连，采用弯折锚固时，伸出钢筋上下交错，影响现浇梁钢筋绑扎。

（3）设计协同不够会导致后浇混凝土需要的预留预埋遗漏或错位，造

▲ 图 10-8　日本某项目的预制多节莲藕梁

成作业困难或无法作业等。例如，预制剪力墙板边缘后浇暗柱的模板通常需要固定在墙板上，所以需要在墙板上设计预埋件或预留用于安装对拉螺栓的孔洞，如果遗漏或错位，后浇暗柱模板就无法固定。

（4）如果深化设计不合理，预制构件拆分过多，就会造成后浇混凝土点多面广，从而导致后浇混凝土模板支设及混凝土浇筑作业困难。

2. 制作原因

（1）预制构件如果误差过大，就会造成预制构件与后浇混凝土钢筋干涉、模板支设困难等。

（2）预制构件制作时，后浇混凝土需要的预留预埋如果遗漏或错位，会造成施工困难或无法施工。

3. 作业原因

（1）预制构件的安装有严格顺序，尤其是梁柱等连接节点的预制构件安装。如果安装顺序错误，就可能导致钢筋干涉严重，安装困难或无法安装。

（2）钢筋下料、绑扎、定位错误都会造成后浇混凝土钢筋作业误差过大，导致预制构件伸出钢筋与后浇混凝土钢筋干涉，甚至导致预制构件无法安装。

（3）没有按照设计要求进行模板支设、固定，例如不按照深化设计图使用预埋件，未全数安装预埋件都会造成模板支设不牢靠等。

（4）混凝土浇筑及养护作业人员技能差、责任心不强都会造成混凝土质量问题。

10.3　后浇混凝土常见问题预防措施

10.3.1　做好与设计院及预制构件工厂的协同

与设计院做好协同是避免后浇混凝土环节出现常见问题的有效措施，协同时应注意以下几点：

（1）避免连接节点钢筋过于密集和干涉，包括梁柱节点、梁板节点、墙墙节点等。

（2）明确钢筋作业顺序及方式，包括叠合板叠合层钢筋铺设顺序、暗柱纵筋箍筋方式及作业顺序等。

（3）避免后浇混凝土作业需要在预制构件上预留预埋的遗漏或错位。

（4）连接节点采用不同强度等级混凝土时，应给出详细说明。

预制构件生产阶段，施工单位还应与预制构件工厂做好协同，保证构件制作时，后浇混凝土作业需要的预留预埋放置齐全、准确；保证叠合板桁架筋选用及放置正确，避免叠合层钢筋保护层过小或过大。

10.3.2　后浇混凝土作业时应采取的预防措施

1. 钢筋作业环节应采取的预防措施

（1）后浇节点钢筋应按照平面配筋图做好下料清单，箍筋、拉筋的末端应按设计要求做弯钩，弯钩长度应按照设计要求留足；施工时应按照设计要求全数放置相应箍筋。

（2）梁柱节点钢筋连接、剪力墙现浇边缘暗柱钢筋密集区域，应参照设计图，对箍筋形式及数量进行验收。

（3）后浇混凝土伸出钢筋采用定位板等措施进行定位固定，确保伸出钢筋的长度和垂直度满足要求，避免弯折歪斜。

（4）预制墙板伸出箍筋与后浇部位附加箍筋，不宜同时选择封闭箍筋；后浇节点纵筋采用绑扎搭接或焊接时，推荐后浇暗柱附加箍筋采用 U 形箍筋或附加弯钩连接钢筋；或者预制墙板伸出箍筋采用开口箍筋，安装时，暂时打开墙板上的箍筋，钢筋绑扎时，先套入后浇区纵向钢筋的附加箍筋，再复位墙板伸出箍筋。

（5）连接节点预制构件安装顺序要按设计要求进行，并根据节点图要求布置钢筋。

（6）钢筋的连接宜优先采用闪光对焊，条件受限时，也可采用电弧焊、机械连接或搭接绑扎（图 10-9）。不论采用何种接头形式，接头的质量及同一截面的接头数量均应满足标准要求。受拉主筋不得采用搭接绑扎。

▲ 图 10-9　钢筋连接形式

（7）预制构件的伸出钢筋与现浇部位的钢筋连接应严格按照节点详图进行施工（图 10-10）。

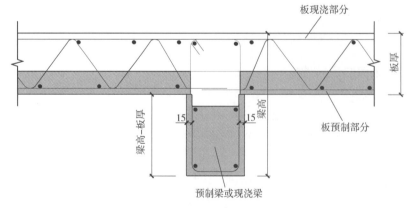

▲ 图 10-10　预制构件伸出钢筋与现浇部位的钢筋连接节点示意图

（8）钢筋骨架及楼面钢筋网拼装时应按设计图放大样，同时还应考虑焊接变形并预留拱度。

（9）钢筋的交叉点应用钢丝绑扎结实，必要时，亦可用点焊焊牢，已经绑扎好的钢筋骨架不得踩踏或在其上放置重物。

（10）封模或浇筑前，钢筋骨架四周或底部应绑好垫块，以保证保护层厚度符合要求。

（11）后浇混凝土钢筋作业允许误差及检验方法见表 10-1。

表 10-1 后浇混凝土钢筋作业允许误差及检验方法

项目		允许偏差/mm	检验方法
绑扎钢筋网	长、宽	±10	尺量
	网眼尺寸	±20	尺量连续三档，取最大偏差值
绑扎钢筋骨架	长	±10	尺量
	宽、高	±5	尺量
纵向受力钢筋	锚固长度	−20	尺量
	间距	±10	尺量两端，中间各一点，取最大偏差值
	排距	±5	
纵向受力钢筋、箍筋的混凝土保护层厚度	基础	±10	尺量
	柱、梁	±5	尺量
	板、墙、壳	±3	尺量
绑扎箍筋、横向钢筋间距		±20	尺量连续三档，取最大偏差值
钢筋弯起点位置		20	尺量
预埋件	中心线位置	5	尺量
	水平高差	+3，0	塞尺尺量

2. 支模作业环节应采取的预防措施

详见本章 10.7 节。

3. 混凝土浇筑环节应采取的预防措施

（1）预制构件结合面疏松部分的混凝土应剔除并清理干净。

（2）在浇筑混凝土前应洒水湿润结合面，混凝土应振捣密实。

（3）混凝土应分层浇筑，每层浇筑高度应符合国家现行有关标准的规定，应在低层混凝土初凝前将上一层混凝土浇筑完毕。

（4）混凝土浇筑应布料均衡，振捣均匀，避免漏振或过振。浇筑和振捣时，应对模板及支架进行观察和维护，发生异常情况应及时处理。预制构件接缝混凝土浇筑和振捣应采取必要的固定措施，防止模板、相邻预制构件、钢筋、预埋件等发生位移。

（5）后浇混凝土浇筑后，应及时进行养护，详见本章 10.10 节。

（6）后浇混凝土强度达到设计要求后，方可拆除模板。

10.4 后浇混凝土隐蔽工程验收要点

1. 后浇混凝土隐蔽工程验收主要内容

根据《装配式混凝土建筑技术标准》（GB/T 51231—2016）规定，装配式混凝土结构连接节点及叠合构件浇筑混凝土前应进行隐蔽工程验收，隐蔽工程验收应包括下列主要内容：

（1）混凝土粗糙面的质量，键槽的尺寸、数量、位置。

（2）钢筋的牌号、规格、数量、位置、间距、箍筋弯钩的弯折角度及平直段长度。

（3）钢筋的连接方式、接头位置、接头数量、接头面积百分率、搭接长度、锚固方式、锚固长度。

（4）预埋件、预留管线的规格、数量、位置。

（5）预制构件接缝处防水、防火等构造做法。

（6）保温及其节点施工。

（7）其他隐蔽项目。

2. 后浇混凝土隐蔽工程验收应重点关注的部位及验收内容

（1）预制梁与预制梁连接部位如采用套筒连接，应验收套筒的连接质量（图10-11），以及钢筋的间距、密度及保护层厚度。

（2）预制梁与预制柱连接部位，应重点验收预制梁伸出钢筋的锚固质量，包括锚固形式、锚固长度及锚固板等，还应验收钢筋的间距、密度及保护层厚度。

（3）叠合梁与叠合楼板的连接部位，应验收搭接的长度、叠合楼板安装平整度、叠合楼板伸出钢筋在叠合梁中的锚固长度、叠合层钢筋的布筋方式等（图10-12）。

▲ 图 10-11　预制梁与预制梁钢筋采用灌浆套筒连接　　▲ 图 10-12　叠合梁与叠合楼板连接节点

（4）叠合板与叠合板连接部位，应验收伸出钢筋的搭接方式、搭接长度和叠合层钢筋的布筋方式、间距、数量、接头位置、绑扎质量等（图10-13）。

（5）预制墙板与预制墙板的连接部位，除应验收钢筋的位置、间距、数量和绑扎质量外，还应验收保温、防水、防火等构造的施工质量（图10-14）。

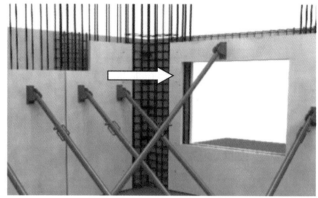

▲ 图 10-13　叠合板与叠合板连接节点　　　▲ 图 10-14　预制墙板后浇节点

（6）飘窗与现浇部位采用内置螺栓连接时，应验收螺栓数量、规格及紧固程度。

（7）夹芯保温板外叶板悬挑部位除应验收夹芯保温板的安装质量外，还应验收后浇混凝土的钢筋配置和绑扎情况等。

10.5　机械套筒连接作业要点

钢筋机械套筒连接是建筑结构中常用的钢筋连接形式，采用较多的有套筒挤压连接和螺纹套筒连接（图 10-15）。

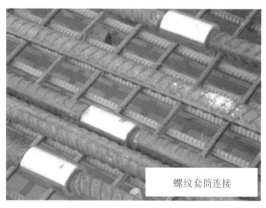

套筒挤压连接　　　　　　　　螺纹套筒连接

▲ 图 10-15　钢筋机械套筒连接形式

1. 套筒挤压连接作业要点

套筒挤压连接是将待连接的两根钢筋插入挤压套筒内，用液压钳对套筒进行施压，以达到连接的目的。套筒挤压连接作业要点如下：

（1）套筒挤压连接作业前，应对每批进场钢筋进行挤压连接工艺试验，合格后方可批量作业。

（2）清理钢筋端头的铁锈、油污等，如端头有变形，应先矫正或打磨整形。

（3）在钢筋端部画出定位标记与检查标记，定位标记与钢筋端头的距离为钢套筒长度的一半。

（4）用于连接钢筋的套筒应与被连接钢筋的规格相匹配。

（5）套筒挤压连接宜先在地面上挤压一端套筒，在施工作业区插入待连接钢筋后再挤压另一端套筒。钢筋插入套筒的深度应以定位标记为准。

（6）液压钳就位时，应对正套筒压痕位置的标记，并使压模运动的方向与钢筋轴线相垂直。

（7）液压钳的施压顺序应由套筒的中部顺次向端部进行，每次施压时主要控制压痕深度。

（8）挤压后套筒外的压痕道数应符合型式检验确定的道数，且不得有肉眼可见的裂缝。

（9）挤压后的套筒长度应为其原始长度的1.10~1.15倍，或压痕处套筒的外径为其原始外径的0.8~0.9倍。

2. 螺纹套筒连接作业要点

钢筋螺纹套筒连接是将待连接的两根钢筋端头按要求制作螺纹后拧入螺纹套筒内，通过螺纹的咬合达到连接的目的，常见的有锥螺纹连接、直螺纹连接和镦粗直螺纹连接等。螺纹套筒连接作业要点如下：

（1）螺纹套筒连接开始前，应进行连接工艺检验，合格后方可批量作业。

（2）钢筋下料时，应采用无齿锯切割，端头截面应与钢筋轴线垂直并不得翘曲。

（3）钢筋端部应切削或镦平后加工螺纹，加工的钢筋螺纹丝头、牙形、螺距等必须与螺纹套筒的螺纹相匹配；锥螺纹丝头的锥度应与套筒内螺纹的锥度相匹配。

（4）钢筋螺纹丝头长度应满足设计要求，加工好的钢筋螺纹丝头应加以保护。

（5）在地面将螺纹套筒拧在一根钢筋的丝头上，用扭力扳手拧紧至规定的力矩（表10-2和表10-3）。

（6）在施工作业区将待连接的钢筋拧入螺纹套筒另一端，用扭力扳手拧紧至规定的力矩。

（7）标准型接头安装后外露螺纹不宜超过2p。

（8）螺纹套筒连接应按批次进行拧紧力矩检验和单向拉伸试验并合格。

表 10-2　直螺纹套筒接头拧紧力矩

钢筋直径/mm	≤16	18~20	22~25	28~32	36~40	50
拧紧力矩/(N·m)	100	200	260	320	360	460

表 10-3　锥螺纹套筒接头拧紧力矩

钢筋直径/mm	≤16	18~20	22~25	28~32	36~40	50
拧紧力矩/(N·m)	100	180	240	300	360	460

10.6　钢筋的混凝土保护层厚度控制要点

钢筋的混凝土保护层厚度符合设计要求，是确保建筑耐久性能达到结构设计年限要求的一个重要条件。后浇混凝土钢筋保护层控制应注意以下要点。

（1）叠合楼板钢筋网片绑扎时应注意以下几点：

1）钢筋相对位置应符合设计要求，避免由于钢筋绑扎顺序错误，钢筋层数过多导致保护层厚度过小。

2）叠合楼板现浇层内阳角附加筋宜采用正交方式，且与负筋同向同层布置。

（2）钢筋下料及绑扎要满足设计要求，避免因下料及绑扎错误影响钢筋保护层厚度。

（3）暗柱等纵向受力钢筋宜采用钢筋定位板进行定位。

（4）按设计要求放置保护层垫块（钢筋间隔件），主要注意以下几点：

1）根据施工需要，选择合适种类、材质、规格的保护层垫块，保护层垫块应有足够的强度和刚度。

2）保护层垫块的数量应根据配筋密度、主筋规格、施工要求等综合考虑，垫块间距宜控制在 300 ~800mm。

3）保护层垫块可以绑扎或卡在钢筋上，应垫实并绑扎牢固。

4）倾斜、变形、断裂的保护层垫块不得使用。

5）后浇混凝土浇筑前，应对保护层垫块数量、位置及固定的牢固程度等进行隐蔽工程验收。

6）保护层厚度允许偏差及检验方法见表 10-4。

表 10-4　保护层厚度允许偏差及检验方法

项目		允许偏差/mm	检验方法
纵向受力钢筋、箍筋的混凝土保护层厚度	基础	±10	尺量
	柱、梁	±5	尺量
	板、墙、壳	±3	尺量

10.7　后浇混凝土模板架设要点和拆模条件及方式

1. 后浇混凝土模板架设要点

（1）模板架设应编制专项方案。模板应根据后浇节点形状、位置进行设计，并应满足承载力、刚度和整体稳固性要求。

（2）模板及支撑材料的技术指标应符合国家现行标准有关规定。

（3）模板的接缝应严密，与预制构件接缝处应粘贴泡沫胶条。

（4）模板内不应有杂物、积水或冰雪等。

（5）模板与混凝土的接触面应平整、清洁。

（6）用作模板的地坪、胎模等应平整、清洁，不得产生影响后浇混凝土下沉、裂缝、起砂或起鼓的缺陷。

（7）预制构件上用于固定后浇混凝土模板的预埋件或预留孔洞的设置及固定应满足设计要求。

（8）对清水混凝土质感及装饰混凝土质感的后浇混凝土部位，应使用能达到设计效果的模板。

（9）固定在模板上的预埋件和预留孔洞不得遗漏，且应安装牢固，允许偏差应符合表 10-5 规定。

表 10-5　固定在模板上的预埋件和预留孔洞允许偏差

项目		允许偏差/mm
预埋板中心线位置		3
预埋管、预留孔中心线位置		3
插筋	中心线位置	5
	外露长度	+10，0
预埋螺栓	中心线位置	2
	外露长度	+10，0
预留洞	中心线位置	10
	外露长度	+10，0

（10）后浇混凝土模板安装的允许偏差及检验方法应符合表 10-6 的规定。

表 10-6　后浇混凝土模板安装的允许偏差及检验方法

项目		允许偏差/mm	检验方法
轴线位置		5	尺量
底模上表面标高		±5	水准仪或拉线、尺量
模板内部尺寸	基础	±10	尺量
	柱、墙、梁	+5	尺量
	楼梯相邻踏步高差	5	尺量
柱、墙垂直度	层高≤6m	8	经纬仪或吊线、尺量
	层高>6m	10	经纬仪或吊线、尺量
相邻模板表面高差		2	尺量
表面平整度		5	2m 靠尺和塞尺量测

2. 后浇混凝土拆模条件及方式

（1）后浇混凝土的侧模板在混凝土浇筑 24h 后即可拆除；底模板及支架在混凝土强度达到设计要求后方可拆除；当设计没有给出具体要求时，同条件养护的混凝土立方体试件抗压强度应达到表 10-7 的规定后，方可拆除底模板及支架。

表 10-7　底模板及支架拆除时的混凝土强度要求

预制构件类型	构件跨度/m	达到设计混凝土强度等级值的百分率（%）
板	≤2	≥50
	>2，≤8	≥75
	>8	≥100
梁、拱、壳	≤8	≥50
	>8	≥75
悬臂结构		≥100

（2）后浇混凝土模板拆除时，可采取先支的后拆、后支的先拆，先拆非承重模板、后拆承重模板的顺序，并应自上而下进行拆除。

10.8　防止兼作模板的外叶板胀模的措施

1. 夹芯保温剪力墙板悬挑外叶板防止胀模措施

（1）夹芯保温剪力墙板悬挑外叶板拼缝时应采用胶皮、定位嵌板等对拼缝处进行封堵，采用胶皮等柔性材料时，顶部位置应上翻 50mm。

（2）内侧支模时，应在夹芯保温剪力墙板内叶板内侧预埋支模埋件，也可在墙板上预留对穿孔洞用于安装对拉螺杆。支模埋件或预留孔洞位置一般距后浇部位 100mm，模板与内叶板之间的缝隙应采用粘贴双面泡沫胶条的方式进行密封。

2. L 形 PCF 板防止胀模措施

（1）在阴阳角位置、预制现浇转换层放置 L 形连接件，将 PCF 墙板与现浇部位或相邻的 PCF 墙板固定牢固。

（2）一般采用在预制构件上预埋螺母，现场后装螺栓的方式进行固定，为保证固定牢固，连接件须全数安装，并在螺栓安装后进行点焊加固。

3. 一字形 PCF 板防止胀模措施

（1）PCF 预制构件平直拼接部位，应采取一字形板连接件连接固定，防止 PCF 板位移。

（2）一字形板连接件安装前，应按设计要求采用防水胶皮或橡胶棒等对竖向拼缝进行封堵，同时采用砂浆等对水平拼缝进行封堵。

10.9　避免混凝土强度等级错误的措施

1. 对混凝土浇筑作业人员进行技术交底

如果同一后浇作业段混凝土强度等级不一样，如梁柱结合部位混凝土按柱的强度等级，而梁和叠合板混凝土的强度等级可能低，后浇混凝土浇筑作业前，技术人员应对混凝土浇筑作业人员进行技术交底，重点强调不同部位应采用的混凝土强度等级，确保混凝土强度等级符合设计要求。

2. 核对送料单的混凝土强度等级

混凝土进场后，施工人员应核对送料单上的混凝土强度等级，确保进场的混凝土强度等级与浇筑部位设计的混凝土强度等级一致。

3. 留存同条件试件

（1）同一配合比的混凝土，每工作班且建筑面积不超过 $1000m^2$ 应制作一组标准养护试件，同一楼层应制作不少于 3 组标准养护试件。

（2）用于检验混凝土强度的试件应在浇筑地点随机抽取（通常在入模处），见证取样。

（3）混凝土试件应有唯一性标志，并按照取样时间顺序连续编号，不得空号、重号。

（4）试件标志至少应包括试件编号、强度等级、制取日期信息；标志应字迹清楚、附着牢固。

10.10 后浇混凝土养护要点

后浇混凝土浇筑后应及时进行保湿养护，保湿养护可采用覆盖塑料薄膜、淋水保湿、涂刷养护剂等方式。应根据现场条件、环境温湿度、构件特点等因素确定具体的养护方式。

1. 覆盖塑料薄膜养护要点

将塑料薄膜紧贴在混凝土表面，覆盖薄膜应严密，薄膜内应保持有凝结水。

2. 淋水保湿养护要点

宜在混凝土表面覆盖麻袋或草帘后进行淋水保湿养护，淋水保湿养护应保证混凝土表面处于湿润状态。若当天最低气温低于5℃，不应采用淋水保湿的养护方式。

3. 涂刷养护剂养护要点

养护剂应均匀涂刷在混凝土表面，不得漏刷；养护剂应具有可靠的保湿效果，保湿效果可通过试验进行验证。养护剂使用方法应符合产品说明书要求。

第11章
重大问题 4——预制构件预埋件预埋物预留孔洞遗漏错位处理

本章提要

　　对预制构件预埋件、预埋物及预留孔洞遗漏或错位问题进行了举例分析，指出了施工现场常见处理方法不当的危害，给出了预埋件、预埋物及预留孔洞遗漏或错位的补救程序和应采用的处理办法。

11.1　预制构件预埋件预埋物预留孔洞遗漏或错位举例

　　预制构件各个专业、制作及施工各个环节需要预埋件、预埋物和预留孔洞多达几十种，设计时一旦没有汇集到构件制作图中，就有可能造成遗漏。

　　预制构件制作时如果预埋件、预埋物或预留孔洞安装有误，固定不牢靠，以及混凝土浇筑振捣作业不规范等都可能导致预埋件、预埋物或预留孔洞错位。

1. 预埋吊点遗漏或错位

　　预制构件的预埋吊点包括脱模吊点、翻转吊点和吊装吊点等，可能遗漏或错位的是翻转吊点和吊装吊点，尤其是翻转吊点，譬如预制楼梯立式浇筑时，翻转和吊装吊点就有遗漏的可能（图11-1）。

　　如果遗漏，预制构件就无法进行翻转或吊装。

　　如果错位，预制构件翻转或吊装时重心就容易偏移，造成危险，甚至导致发生安全事故。带有门窗洞口的预制墙板吊点设置时如果忽略重心偏移问题，就会造成吊点错位（图11-2）。

▲ 图11-1　预制楼梯翻转及吊装吊点

▲ 图 11-2　带有门窗洞口的预制墙板

如果由于吊点错位，造成吊具与钢筋干涉，将导致无法正常安装和使用吊具，影响吊装作业（图 11-3）。

另外，吊点歪斜有可能减弱吊点的受力强度，也可能导致专用夹具或吊具滑脱，甚至引发重大安全事故（图 11-4）。

▲ 图 11-3　吊点及吊具与钢筋相互干涉　　　▲ 图 11-4　吊装吊点歪斜

2. 临时支撑预埋螺母遗漏或错位

柱、墙板等竖向预制构件的临时支撑预埋螺母遗漏或错位就会造成支撑无法搭设，构件就位后不但无法调整和保持垂直度，还有可能随时倾覆。

尺寸较大、较重以及层高较高的叠合梁安装就位时除了需要搭设水平支撑外，还需要搭设斜支撑（图 11-5），该斜支撑的预埋件设计及制作时比较容易遗漏。如果没有安装斜支撑，叠合梁受碰撞，或浇筑振捣时就可能造成水平位移，在受到剧烈碰撞或较大风荷载等外力的作用下，还有可能倾覆。

另外，转角部位的两个预制墙板的斜支撑设计时容易忽略相互避让问题，造成相互干涉冲突而无法安装（图 11-6）。

▲ 图 11-5　预制梁斜支撑预埋件容易遗漏　　▲ 图 11-6　转角处两块预制墙板斜支撑易发生干涉导致无法安装

3. 预埋线盒、线管遗漏或错位

预埋线盒、线管遗漏就会增加现场处理的工作量，还很可能需要在预制构件上进行剔凿、刨沟等，对构件造成损坏。

预埋线盒、线管错位一方面影响美观，另一方面有可能造成线管与线盒脱离、线管过度弯折，导致后期无法穿线或穿线困难（图 11-7）。

另外，线盒缺乏有效保护造成损坏就需要更换线盒，增加工作量（图 11-8）。

▲ 图 11-7　线盒错位　　▲ 图 11-8　线盒破损

4. 起重机附墙对拉螺栓孔或预埋螺栓遗漏或错位

起重机塔身附墙连接杆设计附着在预制剪力墙上时（图 11-9），剪力墙板生产时需要预埋螺栓或预留对拉螺栓孔。对拉螺栓孔周边及连接杆压板范围内需要进行加强处理，防止附墙连接杆安装后，剪力墙外表面受力开裂破损，附墙连接杆松动，造成安全隐患。

框架结构体系起重机塔身附墙连接杆一般是附着在预制梁上，预制梁制作时需要预埋螺栓。

附墙连接杆对拉螺栓孔及预埋螺栓一旦遗漏或错位，就会造成起重机塔身附墙连接杆无法安装，影响起重机正常作业及工程施工进度。

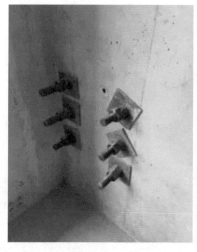

▲ 图 11-9　起重机附墙连接

5. 脚手架预留洞口遗漏

项目采用悬挑式脚手架施工时，脚手架的悬挑型钢需要穿过外围护墙，当外围护墙采用预制时，悬挑型钢不可避免地需要穿过预制外墙。图 11-10 为建筑物阳角转角部位悬挑脚手架型钢穿越预制剪力墙板，由于设计阶段未考虑洞口预留，墙板安装完后现场随意地凿洞，预埋的灌浆套筒被严重破坏，难以恢复。

6. 灌浆套筒歪斜不垂直

灌浆套筒歪斜不垂直（图 11-11），连接钢筋就无法插入，或者插入后紧贴套筒内壁，灌浆料拌合物不能对连接钢筋进行有效的握裹，存在严重的结构安全隐患。

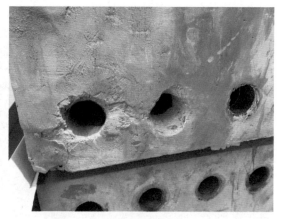

▲ 图 11-10　预制剪力墙底套筒连接区被后凿挑
架洞破坏

▲ 图 11-11　灌浆套筒歪斜不垂直

7. 预埋木砖遗漏或错位

预制构件制作时如果固定门窗框的预埋木砖固定不牢固，混凝土浇筑振捣时就很容易造成木砖移位或歪斜（图 11-12）。预埋木砖遗漏或错位就会造成施工现场门窗无法安装或者安装不牢靠。

8. 防雷引下线遗漏或错位

框架体系的部分预制柱应预埋镀锌扁钢作为防雷引下线，并按设计要求在预制柱上伸出，以便与上层预制柱或现浇柱的防雷引下线连接成一体（图 11-13）。如果防雷引下线遗漏，或因为错位不能连接成一体，就无法通过整体工程验收。

为了防止侧击雷的破坏，有些门窗框需要预埋防雷扁钢或铜编织带，如果遗漏或者没有按照规范进行焊接或螺栓连接，也会造成安全隐患（图 11-14）。

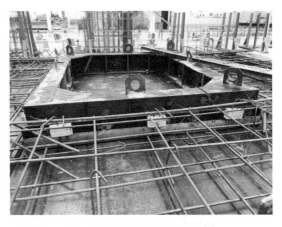

▲ 图 11-12　安装门窗框用的预埋木砖

▲ 图 11-13　埋设防雷引下线的预制柱

▲ 图 11-14　门窗框上的防雷铜编织带

9. 预制墙板遗漏模板锁模孔

如果预制墙板固定后浇混凝土模板的锁模孔遗漏或错位就会造成模板无法安装或安装不牢固、不严密，造成浇筑混凝土时胀模漏浆或尺寸误差等（图 11-15）。

10. 叠合楼板预留孔洞遗漏

有些项目叠合楼板上要求预留放线定位孔，如果遗漏或错位，控制点就无法引到下一层施工楼面，导致测量放线无法进行。另外，叠合楼板、阳台板、空调板等预制构件上有时还需预留给排水、排烟等孔洞或预埋套管，如果遗漏、错位、堵塞，或者预埋的套管与管道不匹配等都会增加后续施工的难度和工作量（图 11-16）。

▲ 图 11-15　带有锁模孔的预制墙板

11. 设备、管道等吊挂预埋件遗漏或错位

叠合楼板等预制构件上用于大型灯具、设备、管道、桥架、母线等较重荷载吊挂的预埋件如果遗漏或错位，将影响上述部件的安装，即使后期可以采取补救措施，工作量也较大，牢固性及安全性也不易保障（图11-17）。

▲ 图 11-16　叠合楼板上的预留
孔洞

▲ 图 11-17　设备、管道等吊挂用预埋件

11.2　施工现场常见处理方法不当的危害

施工现场对预埋件、预埋物及预留孔洞有些处理方法不得当，会造成诸如结构安全隐患、影响建筑使用年限、建筑物渗水透寒等方面的危害。

1. 剔凿不当的危害

图2-6是预制墙板线盒、线管遗漏，现场施工时在预制墙板上凿了一个沟槽，以便把线盒、线管埋设进去。仔细看照片，水平钢筋被凿断了。

现场凿沟把钢筋凿断是普遍现象。一些施工管理人员和现场工人不清楚剪力墙水平钢筋对结构安全的重要性，或者为了省事，或者为了抢工期，凿断钢筋了也不认真处理，埋设管线后用砂浆填平沟槽就算完事。如此会形成重大的结构安全隐患。

凿沟埋设管线存在以下问题：

（1）被切断的水平钢筋没有重新连接。

（2）沟槽内填充的砂浆随意配置，强度得不到保证，多数情况下低于预制墙板的混凝土强度等级。

（3）填充砂浆收缩产生裂缝。

（4）填充沟槽的砂浆抹平后，大多没有进行可靠养护，强度等级更没有保障，耐久性也

受到影响。

剪力墙板在水平和竖直荷载作用下主要有 3 种破坏方式：弯曲破坏、弯剪破坏和剪切破坏。无论哪一种情况，水平分布钢筋的作用都很重要。

对于受弯剪力墙，切断水平分布钢筋会降低其承载力，如果所凿沟槽位于剪力墙截面受压区，砂浆强度等级降低，则会进一步降低其承载力，并削弱受弯剪力墙的延性。造成脆性破坏。

对于受剪剪力墙，切断水平分布钢筋或沟槽填充砂浆强度等级低，极大削弱了剪力墙的抗剪性能，在水平荷载作用下，该处会最先出现裂缝，并很快扩展，导致发生脆性破坏。

切断剪力墙水平分布钢筋以及所凿沟槽砂浆强度等级低的危害情况如图 11-18 所示。剪力墙结构一个重要设计原则是"强剪弱弯"。因为剪切破坏是脆性破坏，会造成建筑物突然倒塌。

所谓"强剪"，就是要提高构件的抗剪性能。剪力墙的

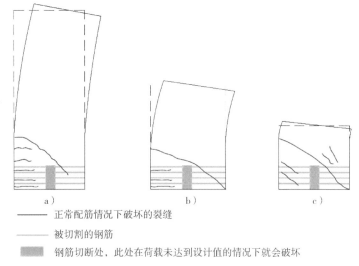

—— 正常配筋情况下破坏的裂缝

—— 被切割的钢筋

■ 钢筋切断处，此处在荷载未达到设计值的情况下就会破坏

▲ 图 11-18　切断剪力墙水平钢筋和沟槽填充砂浆强度等级低的危害
a）弯曲破坏　b）弯剪破坏　c）剪切破坏

水平钢筋就是起抗剪作用的，非常重要，如果配置过低，在荷载作用下混凝土就会因剪切出现斜裂缝，并很快形成主裂缝，导致混凝土劈裂，失去了承载能力。

2. 膨胀螺栓施工不当的危害

预制构件预埋件遗漏或错位，施工现场有时采用重新钻孔，安置膨胀螺栓的办法进行处理，膨胀螺栓施工不当会造成两方面的危害。

（1）由于钻孔、清孔、膨胀螺栓安置时施工不当或选择的膨胀螺栓长度不够造成锚固不够，膨胀螺栓受力达不到要求（表 11-1），导致施工过程或施工后的安全隐患和事故。

表 11-1　膨胀螺栓受力性能

螺栓规格/mm	钻孔尺寸/mm		受力性能/kN	
	直径	深度	允许拉力	允许剪力
M6	10.5	40	240	180
M8	12.5	50	440	330
M10	14.5	60	700	520
M12	19	75	1030	740
M16	23	100	1940	1440

（2）在膨胀螺栓施工时没有对钢筋，尤其是受力主筋进行探测和避让，破坏了钢筋，造

成了结构安全隐患。

3. 植入螺母不当的危害

预埋螺母遗漏或错位后，施工现场有时也采用重新植入螺母的方式进行处理。

在预制构件制作时先预埋螺母再进行混凝土浇筑，属于锚固技术中的先锚施工；在预制构件上钻孔再植入螺母，属于锚固技术中的后锚施工。尽管理论上来讲，后锚施工与先锚施工的效果应该相同，但实际上，后锚施工很难达到先锚施工的效果。

后锚施工首先在预制构件表面钻孔，灌入植筋胶，再将螺母锚入孔内，植筋胶产生的粘结力作为螺母的锚固力。

钻孔后对孔内杂物进行清理时，很难将孔内彻底清理干净，只要存在一些杂物就会影响对螺母的锚固力。灌入植筋胶时，由于孔内经常存在气泡等，孔内胶液很难达到饱满状态，从而也会影响对螺母的锚固力。后期对胶的养护以及养护期间保证螺母不受到扰动等也都要求比较苛刻。

只要施工稍有不慎，就会造成植入的螺母锚固力和承载力达不到要求，造成施工过程或施工后的安全隐患和事故。

4. 焊接不当的危害

如果钢筋锚固板错位，施工现场有时采用焊接钢板或钢筋搭接焊作为锚固端等方法进行处理。防雷扁钢也需要采用焊接方式连接。

焊接前如果对焊接处没有进行有效的除锈，焊接后没有进行防腐蚀处理，后期就会造成焊接处生锈、开焊，造成安全隐患。

11.3 预制构件预埋件预埋物预留孔洞遗漏或错位补救程序

1. 预埋件预埋物预留孔洞遗漏的补救程序

（1）由施工单位技术负责人与监理人员一同检查复核是否有替代方案：譬如是否有其他满足相同功能的预埋件、预埋物或预留孔洞，或减少点位后仍可满足使用功能的方案。

（2）如果没有替代方案，施工单位和监理单位可以提出补救方案建议，提请设计人员复核验算同意，并下达设计变更，设计变更经监理单位、甲方同意后施工单位方可实施。

（3）必要时，方案须经过专家评审，通过后方可实施。

（4）监理或设计人员认定不能恢复或满足安全和使用功能的预制构件应做报废处理。

2. 预埋件预埋物预留孔洞错位的补救程序

（1）由施工单位技术负责人与监理人员一同对错位情况进行检查复核，对不影响安全和使用功能的，可以由监理人员下达指令继续投入使用。

（2）监理人员认定影响安全和使用功能的须提报给设计人员，设计人员出具补救方案后，根据方案进行处理。

（3）监理或设计人员认定不能恢复或满足安全和使用功能的预制构件应做报废处理。

11.4　预制构件预埋件预埋物预留孔洞遗漏或错位处理办法

要针对遗漏或错位的预埋件、预埋物或预留孔洞的重要和风险程度采取不同的、可靠的处理办法。

1. 预埋件遗漏或错位的处理办法

不影响施工安全、结构安全及使用功能的预埋件遗漏和错位可以采取灵活、可行、安全的办法进行补救处理。

譬如翻转吊点如果遗漏或错位可以采取软带捆绑式的方式进行预制构件的翻转（图11-19）。

标高调整预埋件（图11-20）遗漏或错位可以采用垫片等进行替代的补救处理办法。

▲ 图 11-19　软带捆绑式翻转

▲ 图 11-20　预制柱自带调整标高预埋件

栏杆预埋件遗漏或错位可以采取开凿后焊接、植入，恢复外观的补救处理办法。

斜支撑及设备、管道吊挂预埋件遗漏或错位可以经过复核验算后采取打膨胀螺栓等补救处理办法。

如果是吊装吊点及外挂墙板预埋件（图11-21和图11-22）、起重机附着预埋件、脚手架加固预埋件遗漏或错位就要慎重处理。当错位较大及遗漏时需要经设计人员复核验算并下达专项的补救方案，严格把控补救方案的施工质量，以恢复使用功能、满足安全要求为目的，验收合格后方能投入使用。

如果专项补救方案需要打膨胀螺栓或植入螺母，必须要规范施工，打膨胀螺栓施工时应注意以下要点：

▲ 图 11-21　外挂墙板预埋件（一）

▲ 图 11-22   外挂墙板预埋件(二)

（1）定位施工   施工前应首先按照设计要求，在预制构件上进行定位，确保保护层厚度满足设计要求和规范要求，还应进行钢筋探测，避免钻孔施工时对钢筋造成破坏。

（2）钻孔施工   钻孔时，应严格按照设计要求进行，钻孔深度应满足规范要求，不能浅也不宜过深，钻孔的直径不应过大，避免锚固力不够。

（3）清孔施工   必须将孔内混凝土残渣等清除干净，若条件允许，应使用高压水枪清理，之后再使用压缩空气将孔内残渣和水分吹干。

（4）打入膨胀螺栓施工   把膨胀螺栓敲入到钻孔中，用力应适中，以免损坏膨胀螺栓。

植入螺母的定位、钻孔、清孔施工与打膨胀螺栓类似。清孔后进行注胶施工。注胶施工时应使用专用手动注射器从孔底向孔上注入，以便将孔内气体排出孔外，避免胶液与空气融合而影响注胶质量。注胶量应达到孔深的 80% 左右，避免插入螺母时因胶液太满而乱溢或因胶液太少达不到设计的锚固力。应采用改性环氧树脂类或改性乙烯基酯类胶。注胶后将螺母插入孔内，并进行静停养护，胶达到固化强度前对螺母不得扰动。

打膨胀螺栓或植入螺母后，要进行拉拔试验，试验合格后方可进行下一步的施工。

2. 管线遗漏或错位的处理办法

线盒、线管等管线遗漏或错位可以按照以下办法进行补救处理。

（1）可以采用凿沟方案，尽最大可能不凿断水平钢筋。

（2）所凿沟槽应清理混凝土表面的松动块与颗粒。

（3）一旦有水平钢筋被凿断了，

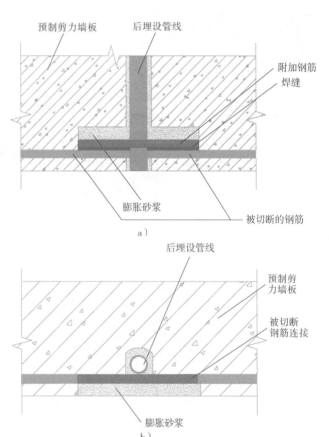

▲ 图 11-23   被凿断的水平钢筋搭桥连接示意图
a)立面   b)平面

须用搭桥钢筋焊接，将断开的钢筋连接上（图 11-23）。搭接钢筋与被切断的钢筋的焊接长度应符合规范关于钢筋搭接焊长度的要求。

（4）埋设好管线后，须用具有膨胀性的高强度砂浆将沟槽抹平压实。砂浆的强度等级和膨胀性应由试验室配置试验得出。使用树脂砂浆是可以考虑的选项。

（5）填充砂浆应当留强度试件。

（6）必须采取有效的养护措施，或贴塑料薄膜封闭保湿养护，或喷涂养护剂养护。

（7）抹灰作业达到 28d 时，应观察处理部位有没有裂缝，压试件强度，并用回弹仪现场测试强度。

3. 预留孔洞遗漏或错位的处理办法

小的预留孔洞如后浇混凝土模板锁模孔遗漏或错位补救处理办法相对简单，可以采取用水钻在正确位置重新钻孔等补救处理办法。

大的预留孔洞遗漏或错位补救处理办法相对复杂，如果是错位较大，首先要用具有膨胀性的高强度砂浆将错误的预留孔洞进行封堵，然后在正确的位置进行重新开孔，并做好孔洞加强，需要有套管的还要进行套管安装和固定，安装后必须用具有膨胀性的高强度砂浆将套管周围封堵严实。

新开孔洞与钢筋，尤其是受力钢筋干涉时，必须按照设计人员出具的方案进行施工。

第 12 章
其他质量问题预防与处理措施

本章提要

　　对装配式混凝土建筑施工其他质量问题进行了举例，并列出了清单，对其中一些重要问题进行了分析，并给出了预防措施，包括：管线穿越预制构件常见问题、防雷引下线连接问题、密封胶作业常见问题、成品保护常见问题，介绍了灌浆料、座浆料选用、验收及保管的方法，还介绍了预制构件或装饰表面的修补措施和表面保护剂作业要点。

12.1　其他质量问题举例

1. 未对吊装基面进行清扫即进行吊装作业

　　某项目吊装作业施工，作业班组为了抢进度，增加作业量，未按施工要求对预制构件安装结合面进行彻底清扫，就盲目地开始吊装（图 12-1）。虽加快了施工进度，却给后续作业带来极大的质量和安全隐患。

2. 在预制构件上擅自开凿孔洞

　　某项目由于开关线管穿越叠合楼板预留孔洞遗漏，在没有经过设计人员下达设计变更的情况下，擅自在叠合楼板上开凿孔洞（图 12-2），剪断桁架筋及受力主筋，造成结构安全隐患。

▲ 图 12-1　没有清理的预制构件安装结合面

▲ 图 12-2　擅自在叠合楼板上开凿孔洞

▌12.2　其他质量问题清单

（1）原材料选用、验收及保管不当。

（2）管线穿越预制构件孔洞问题。

（3）防雷引下线连接不规范。

（4）安装缝打胶作业不规范。

（5）成品保护不当。

（6）预制构件或装饰面损坏。

（7）未按要求涂刷表面保护剂。

（8）未按要求安装预制墙侧面连接螺杆。

（9）未清除临时性连接件。

（10）不同工序衔接点质量不达标。

（11）测量放线错误。

（12）预制构件键槽及粗糙面不满足设计要求。

（13）结合面未进行清理。

（14）预制构件吊装顺序错误。

（15）专项方案针对性不强。

▌12.3　灌浆料、座浆料选用、验收与保管

12.3.1　灌浆料、座浆料选用、验收与保管常见问题

1. 选用问题

（1）灌浆料不是接头形式检验确定的灌浆料，与预制构件套筒不匹配。

（2）灌浆料、座浆料性能指标不满足要求。

2. 验收问题

（1）合格证及相关检测材料缺失。

（2）没有检查出厂日期。

（3）没有进行抽样检测。

3. 保管问题

（1）存放保管场所条件达不到要求。

（2）存放保管时间过长，灌浆料、座浆料过期失效。

12.3.2 灌浆料、座浆料选用、验收与保管方法

1. 灌浆料、座浆料选用方法

（1）灌浆料选用方法

1）严格按照设计要求选用灌浆料。

2）灌浆料应当采用由接头形式检验确定的灌浆料，并与灌浆套筒相匹配。

3）灌浆料性能应符合现行行业标准《钢筋套筒灌浆连接应用技术规程》（JGJ 355—2015）和《钢筋连接用套筒灌浆料》（JG/T 408—2013）的规定（表12-1）。

表 12-1　套筒灌浆料的技术性能参数

项目		性能指标
流动度/mm	初始	≥300
	30min	≥260
抗压强度/MPa	1d	≥35
	3d	≥60
	28d	≥85
竖向膨胀率(%)	3h	≥0.02
	24~3h	0.02~0.5
氯离子含量(%)		≤0.03
泌水率(%)		0

4）灌浆料抗压强度值越高，对灌浆接头连接性能越有帮助。

（2）座浆料选用方法

1）座浆料性能应符合现行行业标准《建筑砂浆基本性能试验方法标准》（表12-2）。

表 12-2　座浆料性能参数

项目	技术指标	实验标准
胶砂流动度/mm	130~170	GB/T 2419—2015
抗压强度/MPa	1d≥30	GB/T 17671—1999
	28d≥50	

2）座浆料应满足工艺要求，应具有强度高、干缩小、和易性好（可塑性好，封堵后无坍落）、粘结性能好等特点。

2. 灌浆料、座浆料验收方法

（1）灌浆料、座浆料进场时，供应商应提供出厂合格证及材料检验报告（图12-3）等资料。

（2）灌浆料材料检验项目应包括：初始流动度、30min流动度、3h竖向自由膨胀率，竖向自由膨胀率24h与3h的差值、抗压强度、泌水率、氯离子含量。

（3）座浆料材料检验项目应包括：胶砂流动度、抗压强度。

（4）对灌浆料、座浆料生产日期及材料检验项目的试验日期要进行核查。

（5）以抽取实物试样的检验结果为验收依据时，买卖双方应在发货前或交货地共同取样和封存。取样方法按《水泥取样方法》（GB 12573—2008）进行，样品均分为两等份。一份由卖方保存 40d，一份由买方按本标准规定的项目和方法进行检验。在 40d 内，买方检验认为质量不符合本标准要求，而卖方有异议时，双方应将卖方保存的另一份试样送双方认可的有资质的第三方检测机构进行检验。

3. 灌浆料、座浆料保管方法

（1）灌浆料、座浆料的保管应注意防水、防潮、防晒等要求，存放在通风的地方，底部使用托盘或方木隔垫。有条件的库房可撒生石灰防潮。

（2）灌浆料、座浆料应储存于通风、干燥、阴凉处，存放场所温度不宜超过 30℃；运输及存放过程中应注意避免阳光长时间照射。

（3）灌浆料、座浆料保质期较短，一般为 90d，宜多次少量采购。

（4）拆袋后未使用完的灌浆料、座浆料，应将袋口扎紧后存放，下次使用时应优先使用已拆袋的浆料。

（5）灌浆料、座浆料出现结块现象后，禁止使用。

▲ 图 12-3 灌浆料检验报告（报告由北京思达建茂科技发展有限公司提供）

12.4 管线穿越预制构件常见问题与预防措施

1. 管线穿越预制构件常见问题

（1）由于设计或制作原因导致预制构件上穿越管线的预留孔洞遗漏或错位，或者由于施工安装原因，导致预留孔洞错位。施工现场擅自在预制构件上开凿孔洞。

（2）施工人员没有详细看图，管线穿越孔洞错误。

（3）作业顺序安排不合理，后穿的管线作业困难。

（4）管线安装后，未对洞口进行防火、防水及隔声处理。

（5）预制构件内预留的管线影响下道构件安装。

2. 管线穿越构件常见问题的预防措施

（1）施工单位应与设计院、预制构件工厂进行早期协同，以确保穿越管线的预留孔洞设计齐全、正确，构件厂按设计要求进行预留。

（2）预制构件安装前应对预留孔洞数量、位置、尺寸进行检查，如有遗漏、错位或尺寸不符，应通知预制构件工厂进行处理。

（3）预制构件安装后如发现预留孔洞遗漏、错位或尺寸不符，应请设计人员给出处理方案，并严格按照处理方案进行施工。严禁施工人员擅自处理。

（4）施工前，技术人员应在各个预留孔洞位置做好标记，以免孔洞多的情况下将管线错穿。

（5）在管线安装前，要做好各种管线的安装方案，充分考虑各个管线在安装过程中的干涉情况，严禁施工班组不分先后，随意安装本专业的管线，导致后面的管线安装困难，影响施工效率和质量。

（6）管线穿越预制构件一般有防水、防火、隔声的构造要求（图12-4），在施工过程中应严格按照设计要求施工。

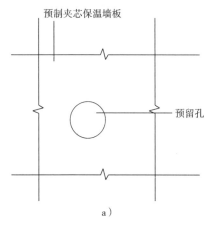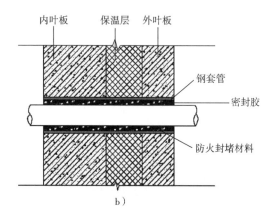

▲ 图 12-4　管线穿过预制构件构造示意图
a）立面　b）剖面

12.5　防雷引下线连接问题与预防措施

1. 防雷引下线连接常见问题

（1）采用纵向钢筋作为防雷引下线导致防雷引下线不连续。

（2）阳台金属护栏、铝合金门窗防雷引下线遗漏，或者没有进行有效可靠的连接。

（3）防雷引下线焊接质量存在问题，或者焊接后没有进行防锈蚀处理。

2. 防雷引下线连接常见问题预防措施

（1）装配式建筑受力钢筋的连接，无论是套筒连接还是浆锚连接，都不能确保连接的连续性，因此，不建议用钢筋作为防雷引下线，应埋设镀锌扁钢带做防雷引下线（图11-13）。

（2）阳台金属护栏应当与防雷引下线连接，一端与金属栏杆焊接，另一端与其他预制构件的防雷引下线系统连接（图12-5）。

（3）距离地面高度45m以上外墙铝合金窗应当与防雷引下线连接，预制墙板或飘窗应当预埋镀锌扁钢带，一端与铝合金窗、金属百叶窗焊接，另一端与其他预制构件的防雷引下线系统连接（图12-6）。

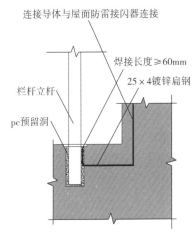

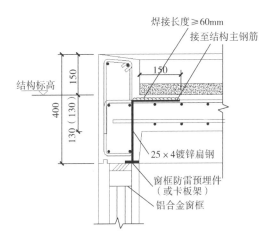

▲ 图 12-5　阳台防雷构造（选自标准图集 15G368-1）

▲ 图 12-6　铝合金窗防雷构造（选自标准图集 15G368-1）

（4）作为防雷引下线的镀锌扁钢带连接要连续，镀锌扁钢带预埋在预制构件时，构件两端要预留一定长度的镀锌扁钢带（图12-7），为上下连接所用。

（5）预埋在预制构件中的防雷引下线和连接接头的可靠性和耐久性必须与建筑物同寿命。连接接头的焊接必须符合规范和设计要求。需请设计给出防锈蚀的具体要求，如防锈漆种类、涂刷方式和遍数等。

（6）日本通常采用铜制防雷引下线和铜制专用接头，对确保建筑防雷的安全性和耐久性更为可靠（图12-8）。

▲ 图 12-7　预制柱两端预留一定长度的镀锌扁钢带

▲ 图 12-8　日本采用的铜制防雷引下线

12.6 安装缝打胶作业常见问题与预防措施

1. 安装缝打胶作业常见问题

（1）密封胶质量不满足要求，如与混凝土不相容，容易脱落；没有较好的弹性或压缩比等。

（2）接缝封堵不密实，打胶作业时密封胶将封堵材料挤进接缝深处，浪费密封胶，还可能导致封堵材料与密封胶分离，影响防水效果，存在渗漏隐患。

（3）接缝清理不彻底，接缝表面残留浮灰及建筑残渣，密封胶与预制墙板粘结不牢靠，容易脱落。

（4）美纹纸粘贴不规范，如粘贴不牢固、粘贴不顺直、粘贴后接缝宽度不一致等，影响打胶成型效果，并容易对预制墙板造成污染。

（5）打胶人员能力差，打胶速度不均匀，导致密封胶出现凸起凹陷波浪状（图 12-9），影响美观；密封胶较薄的位置容易破裂，出现渗漏隐患。

▲ 图 12-9 密封胶出现凸起凹陷波浪状

（6）打胶作业没有考虑天气因素，下雨天作业时，胶体和接缝出现不粘贴或粘贴不好的现象，时间长后会造成胶体脱落。气温过高会造成胶体流淌堆积，气温过低会造成胶体长时间不凝固而失效。

2. 安装缝打胶作业常见问题的预防措施

（1）必须选择与混凝土相容的密封胶，密封胶的性能应满足规范和设计要求。常用建筑密封胶的性能见表 12-3。

表 12-3　MS 建筑密封胶性能

项目		技术指标（25LM）	典型值
下垂度（N 型）/mm	垂直	≤3	0
	水平	≤3	0
弹性恢复率（%）		≥80	91
拉伸模量/MPa	23℃	≤0.4	0.23
	−20℃	≤0.6	0.26
定伸粘接性		无破坏	合格
浸水后定伸粘接性		无破坏	合格
热压、冷压后粘接性		无破坏	合格
质量损失（%）		≤10	3.5

（2）密封胶应存放在干燥、通风、阴凉的场所，存放场所温度应控制在 5~27℃ 之间。

（3）安装缝封堵质量对打胶影响较大，安装缝封堵可采用发泡氯丁橡胶或聚乙烯泡沫棒（图 12-10），接缝封堵必须严实、牢固。

（4）打胶前，应将安装缝打胶区域清理干净（图 12-11），经验收合格后方可进行打胶作业。

（5）美纹纸应粘贴牢固、顺直，保证接缝宽度一致、打胶完毕后及时将美纹纸清理干净。

（6）由专业的、熟练的、有责任心的人员使用专业的工具进行打胶作业（图 12-12），保证打胶质量，提高打胶效率。

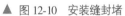
▲ 图 12-10　安装缝封堵

▲ 图 12-11　安装缝打胶区清理

▲ 图 12-12　专业人员使用专用工具进行打胶作业

（7）选择适宜的天气进行作业，保证施工质量，避免返工。严禁在下雨天作业；打胶作业适宜的气温在 5~35℃之间。

12.7　成品保护常见问题与预防措施

1. 成品保护常见问题

（1）由于现场存放错误，导致预制构件损坏，包括不同规格型号的叠合楼板混叠存放、支点错误、没有正确使用存放架等。

（2）预制构件采用立放方式存放时，预制构件的薄弱部位和门窗洞口没有采取防止变形开裂的临时加固措施，导致构件损坏。

（3）预制构件卸车、吊装过程中磕碰导致构件损坏。

（4）对带饰面的预制构件的表面没有进行防护，导致饰面损坏或污染。

（5）对预制构件保护过度，如楼梯踏步满铺胶合板，造成浪费。

（6）支撑体系搭设及拆除、后浇混凝土支拆模、材料转运等作业对安装好的预制构件造成磕碰，导致构件损坏。

（7）灌浆作业、安装缝打胶作业不精心，造成安装好的预制构件受到污染。

2. 成品保护常见问题的预防措施

（1）预制构件现场存放必须规范，存放场地需要硬化、按规范和设计要求进行支垫及确定叠放层数、立放构件采用的存放架必须有足够的刚度和强度、构件与构件之间要有一定的安全距离等。

（2）预制构件卸车、吊装时，应使用匹配的吊具，轻起慢落，精心作业，严禁磕碰。

（3）交叉作业时，应做好工序交接，做好已完部位移交单，各工种之间明确责任主体，不得对已完成工序的成品、半成品造成破坏。

（4）预制构件饰面砖、石材、涂刷、门窗等处宜采用贴膜保护或其他专业材料保护。安装完成后，门窗框应采用槽型木框保护。饰面材保护应选用无褪色或污染的材料，以防饰面材表面被污染。

（5）连接止水条、高低口、墙体转角等薄弱部位，应采用定型保护垫块或专用式套件作加强保护。

（6）预制楼梯安装后，踏步口宜铺设木条或其他覆盖形式保护（图 12-13）。预制楼梯饰面应采用铺设模板或其他覆盖形式的成品保护措施。

▲ 图 12-13　预制楼梯踏步防护

（7）后浇混凝土作业、灌浆作业、安装缝打胶作业时，应提前对可能造成污染的预制构件进行防护。

（8）装配式混凝土建筑的预制构件和部品在安装施工过程、施工完成后，不应受到施工机具碰撞。

（9）施工梯架、工程用的物料等不得支撑、顶压或斜靠在预制构件上。

（10）支撑体系拆除时间必须符合规范和设计要求。

12.8　预制构件或装饰表面修补措施

12.8.1　普通预制构件修补

1. 孔洞修补

（1）将修补部位不密实混凝土及突出骨料颗粒仔细凿除干净，洞口上部向外上斜，下部方正水平为宜。

（2）用高压水及钢丝刷将基层处理洁净，修补前用湿棉纱等材料填满，使空洞周边混凝土充分湿润。

（3）孔洞周围先涂以水泥净浆，然后用无收缩灌浆料填补并分层仔细捣实，以免新旧混凝土接触面上出现裂缝，同时，将新混凝土表面抹平抹光至满足外观要求。

（4）如一次性修补不能满足外观要求，第一次修补可低于构件表面 3~5mm，待修补部位强度达到 5MPa 以上，再用表面修补材料进行表面修饰处理。

2. 缺角修补

缺角是指预制构件的边角混凝土崩裂、脱落。

（1）将缺角处已松动的混凝土凿去，并用水将崩角冲洗干净，然后用修补水泥砂浆将崩角处填补好。

（2）如缺角的厚度超过 40mm 时，要加种钢筋，分两次或多次修补，修补时要用靠模，确保修补处与整体平面保持一致（图 12-14）。

3. 麻面修补

麻面是指预制构件表面的麻点，对结构无影响，对外观要求不高时通常不做处理。如需处理，方法如下：

（1）稀草酸溶液将该处脱模剂油点或污点用毛刷洗净，于修补前用水湿润表面。

（2）配备修补水泥砂浆，水泥品种必须与原混凝土一致，砂为细砂，最大粒径小于或等于 1mm。

（3）按刮腻子的方法，将水泥砂浆用刮板用力压入麻点处，随即刮平直至满足外观要求。

▲ 图 12-14　修补时使用靠模

（4）表面干燥后用细砂纸打磨。

（5）修补完成后，及时覆盖，保湿养护 3~7d。

4. 气泡修补

气泡是混凝土表面不超过 4mm 的圆形或椭圆形孔穴，深度一般不超过 5mm，内壁光滑。

（1）将气泡表面的水泥浆凿去，使气泡完全开口，并用水将气泡孔冲洗干净。

（2）用修补水泥腻子将气泡填满抹平即可。

（3）较大的气泡宜分 2 次修补。

5. 蜂窝修补

预制构件上不密实混凝土的范围或深度超过 4mm，小蜂窝可按麻面方法修补，大蜂窝可采用如下方法修补：

（1）将蜂窝处及周边软弱部分混凝土凿除，并形成凹凸相差 5mm 以上的粗糙面。

（2）用高压水及钢丝刷等将结合面洗净。

（3）用水泥砂浆修补，水泥品种必须与原混凝土一致，砂子宜采用中粗砂。

（4）按照抹灰操作法，用抹子大力将砂浆压入蜂窝内，压实刮平。在棱角部位用靠尺取直，确保外观一致。

（5）表面干燥后用细砂纸打磨。

（6）修补完成后，及时覆盖保湿养护至与原混凝土一致。

6. 色差修补

对油脂引起的假分层现象，用砂纸打磨后即可现出混凝土本色，对其他原因造成的混凝土分层，当不影响结构使用时，一般不做处理，需处理时，用黑白水泥调制的接近混凝土颜色的浆体抹灰即可。当有软弱夹层影响混凝土结构的整体性时，按施工缝进行处理：

（1）如夹层较小，缝隙不大，可先将杂物浮渣清除，夹层面凿成 V 字形后，用水清洗干净，在潮湿无积水状态下，用水泥砂浆用力填塞密实。

（2）如夹层较大时，将该部位混凝土及夹层凿除，视其性质按蜂窝或孔洞进行处理。

7. 错台修补

（1）将错台高出部分、胀模鼓出部分凿除并清理干净，露出石子，新槎表面比预制构件表面略低，并稍微凹陷成弧形。

（2）用水将新槎面冲洗干净并充分湿润。在基层处理完后，先涂以水泥净浆，再用干硬性水泥砂浆，自下而上按照抹灰操作法用力将砂浆刮压在结合面上，反复刮压，抹平。修补用水泥应与原混凝土品质一致，砂用中粗砂，必要时掺拌白水泥，以保证混凝土色泽一致。为使砂浆与混凝土表面结合良好，抹光后的砂浆表面应覆盖塑料薄膜养护，并用支撑模板顶紧压实。

8. 黑白斑修补

（1）黑斑用细砂纸精心打磨后，即可现出混凝土本身颜色。

（2）白斑一般情况下不做处理，当白斑处混凝土松散时可按麻面修补方法进行整修。

9. 空鼓修补

（1）在预制构件"空鼓"处挖小坑槽，将混凝土压入，直至饱满、无空鼓声为止。

（2）如预制构件空鼓严重，可在预制构件上钻孔，按二次灌浆法将混凝土压入。

10. 边角不平修补

边角处不平整或线条不直的，用角磨机打磨修正，凹陷处用修补水泥腻子补平。

11. 裂缝的修补方法

对于预制构件表面轻微的浅表裂缝，可采用表面擦水泥浆或涂环氧树脂表面封闭的方法处理，对于缝宽大于或等于 0.3mm 的贯穿或非贯穿裂缝，可参考下面的方法修补。

（1）修补前，应对裂缝处混凝土表面进行预处理，除去基层表面上的浮灰、水泥浮浆、返碱、油渍和污垢等物，并用水冲洗干净；对于表面上的凸起、疙瘩以及起壳、分层等疏松部位，应将其铲除，并用水冲洗干净，待至面干。

（2）深度未及钢筋的局部裂缝，可向裂缝注入水泥净浆或环氧树脂，嵌实后覆盖养护；如裂缝较多，清洗裂缝待干燥后涂刷两遍环氧树脂进行表面封闭。

（3）对于缝宽大于 0.3mm、较深的或贯穿的裂缝，可采用环氧树脂注浆后表面再加刷建筑粘胶进行封闭；或者采用开 V 形槽修补的方法，具体步骤如下：

1）将裂缝部位凿出 V 形槽，深及裂缝最底部，并清理干净（图 12-15）。

2）按环氧树脂∶聚硫橡胶∶水泥∶砂 = 10∶3∶12.5∶28的比例配置修补砂浆（仅供参考），必要时可用适量丙酮调节稠度。

3）修补部位表面刷界面结合剂或修补胶水后将修补砂浆填入 V 形槽中，压实。

4）修补部位覆盖养护，完全初凝后可洒

▲ 图 12-15　开 V 形槽

水湿润养护。

5）待修补部位强度达到 5MPa 或以上时，进行表面修饰处理。

12.8.2　预制构件装饰表面修补

有饰面的预制构件表面如果出现破损，修补较难，而且不容易达到原来效果，因此，应该加强成品保护，万一出现破损，可以按下列方法修补。

1. 清水混凝土、装饰混凝土预制构件表面修补

修补用砂浆应与预制构件颜色严格一致，修补砂浆终凝后，应当采用砂纸或抛光机进行打磨，保证修补痕迹在 2m 处无法分辨。

2. 石材反打预制构件表面修补

根据表 12-4 的方法进行石材的修补。

表 12-4　石材的修补方法

石材问题	修补方法
石材掉角	石材出现掉角现象，需与业主、监理等协商之后再决定处置方案 修补方法应遵照下列要点：粘结剂（环氧树脂系）：硬化剂＝100：1（按修补部位的颜色要求适量加入色粉）；搅拌以上填充材料后涂入石块的损伤部位，硬化后用刀片切修
石材开裂	石材出现开裂现象，原则上要更换重贴，但实施前应与甲方、监理等协商并得到认可

3. 装饰面砖反打预制构件面砖调换及修补

（1）面砖调换的标准

当面砖达到表 12-5 规定时要进行面砖的调换。

表 12-5　需要调换的面砖标准

面砖问题	标准
弯曲	2mm 以上
下沉	1mm 以上
缺角	5mm×5mm 以上
裂纹	面砖出现裂纹现象，应与甲方、监理等协商后再施工

（2）面砖调换的方法

1）将需更换面砖周围切开，凿除整块面砖后清洁破断面，用钢丝刷刷掉碎屑，用刷子等仔细清洗。用刀把面砖缝中的多余部分除去，尽量不要出现凹凸不平的情况。

2）更换面砖要在面砖背面及断面两面填充速效胶粘剂，涂层厚为 5mm 以下，施工时要防止出现空隙。

3）速效胶粘剂硬化后，缝格部位用砂浆勾缝，缝的颜色及深度要和原缝隙部位吻合。

（3）掉角面砖的修补

面砖不到 5mm×5mm 的掉角，在甲方、监理同意修补的前提下，用环氧树脂修补剂及指定涂料进行修补。

12.8.3　修补后养护

修补部位表面凝结后要洒水养护并苫盖，要防止风吹、暴晒。

（1）修补面积较大，修补完成后要对预制构件进行整体苫盖。

（2）局部修补的，要在修补处用塑料布进行苫盖。

（3）修补处可涂抹养护剂来进行养护。

（4）修补较小的部位，也可用胶带粘贴在修补处进行保水养护。

12.8.4　修补后的检查

预制构件修补完成后，应对修补质量进行检查验收。

（1）修补部位的强度必须达到预制构件的设计强度。

（2）修补部位结合面应结合牢固，无渗漏，表面无开裂等现象。

（3）修补部位表面要求应与原混凝土一致，与原混凝土应无明显色差。

（4）修补部位边线应平直，修补面与原混凝土面无明显高差。

12.9　表面保护剂作业要点

1. 表面保护剂的选用

表面不做乳胶漆、真石漆、氟碳漆处理的装饰性墙板等外围护预制构件，如清水混凝土预制构件、彩色混凝土预制构件，宜涂刷透明的表面保护剂（图 12-16），增加自洁性，减少污染。

选用保护剂不仅要看保护剂的性能，还要做耐久性试验或者厂家提供耐久性试验报告及合格证，尤其要注意的是保护剂要无毒，防止对施工人员造成伤害。

混凝土预制构件的表面保护剂通常选用水性氟碳着色透明涂料，该种涂料涂膜层透气性好，材料具有较好的稳定性和耐久性。

▲ 图 12-16　涂刷表面保护剂的预制构件

其中底层漆采用硅烷系，主要作用为封闭混凝土气孔，抗返碱；面层漆采用水性氟碳着色，具有良好的透气性，主要起到耐久、憎水、防污的作用。

2. 表面保护剂涂刷作业要点

（1）保护剂施工工艺流程

基层清理→颜色调整→底层漆滚涂→中层漆滚涂→面漆滚涂。

（2）涂刷表面保护剂关键工序作业要点见表 12-6。

表 12-6　预制构件涂刷保护剂关键工序作业要点

工作内容	材料及工具	作业要点	次数	时间间隔
基层清理	160 号～240 号砂纸、洁净的无纺布、刮刀、切割机等	去除附在混凝土表面的物质（浮土、未固化的水泥、水泥流淌印记等）；如有凸出的钢筋及所有残留在墙体上等金属物件	1～2	—
除去墙面的残留物	稀释剂、砂纸	用稀释剂除去油污，使之分解并挥发，必要时可用砂纸打磨除去	1	
清洗墙面	水枪、抹布、酸性洗涤剂（草酸除锈，氨基磺酸去除模板斑痕，必须经过稀释）、中性洗涤剂	先用中性洗涤剂清洗（必要时采用稀释后的酸性洗涤剂），去除模板斑痕、油污、泥土、锈斑等，然后高压冲洗墙面，直至完全干净	1～2	—
墙面清理、保护	砂纸、干布、胶带、塑料布	用砂纸磨平，干抹布擦净，必要时用高压水洗。修补、清理后至上涂料前，容易脏的地方用塑料布盖起保护	1	—
保护、遮盖	塑料布、胶带等	如施工周期超过 3 天，则需对清理完成的墙面进行保护，并对不需要涂刷保护剂的部位进行遮挡（如窗、门、玻璃）等		—
底层涂料	专用水性渗透型底层涂料	滚子、刷子，全面滚涂覆盖墙面，无遗漏（局部滚子无法滚到的部位采用刷子刷涂或者喷枪喷涂）	1	30min
面层涂料	专用水性透气型面层涂料	滚子、刷子，全面滚涂覆盖墙面，无遗漏（局部滚子无法滚到的部位采用刷子刷涂或者喷枪喷涂）	1	3h 以上
清洁现场、成品保护		清理现场，保持整洁、干净，指派专人进行成品保护		

3. 表面保护剂作业完成后验收

表面保护剂作业完成后，技术人员、质检人员要进行检查验收，检查验收的主要内容包括：是否存在漏涂、是否存在喷涂过量、是否出现喷涂色差等，如果有上述现象应按要求及时处理。检查验收应形成验收报告并存档。

第13章
工期延误问题、原因分析与解决办法

本章提要

对装配式混凝土建筑施工工期延误问题及原因进行了分析，给出了解决办法，包括：确保工期的主要措施，合同评审要点，施工计划编制内容、深度及实施要点，影响工期的变更管理要点，与预制构件工厂签订购货合同要点，预制构件生产计划、发货计划与安装计划衔接要点及缩短工期的补救措施。

13.1 工期延误问题简述及原因分析

工期延误有两种情况，一种是装配式混凝土建筑工期比现浇混凝土建筑工期延长了，另一种情况是施工单位的实际工期比合同约定的工期拖延了。本节对第一个问题做简单的分析，重点讨论第二个问题。

13.1.1 中国装配式混凝土建筑工期长的原因分析

就我国目前普遍情况而言，装配式混凝土建筑比现浇建筑工期长（表13-1），但从国外装配式建筑的发展经验看，装配式建筑的工期就主体结构而言与现浇差不多，由于采用工程总承包（EPC）、穿插施工等管理模式，以及全装修、干法作业、管线分离等技术手段，装配式建筑的总工期大大缩短（表13-2）。

表 13-1 目前我国装配式混凝土建筑与现浇建筑工期比较（以剪力墙结构体系为例）

序号	预制率	采用预制构件种类	结构工期每层延长大约天数/d
1	15%	楼梯、叠合楼板、阳台板、空调板	0.4
2	20%	楼梯、叠合楼板、阳台板、空调板、剪力墙内墙板	0.5
3	30%	楼梯、叠合楼板、剪力墙内墙板、剪力墙外墙板	1
4	40%	楼梯、叠合楼板、剪力墙内墙板、剪力墙外墙板、飘窗等	2

注：1. 仅采用预制楼梯，工期不延长。

2. 精装修项目结构工期延长，但总工期缩短。

3. 规模大、标准化程度高、施工组织好的项目工期延长相对较少。

表 13-2 国内外装配式混凝土建筑工期分析

序号	环节	对比	原因分析
1	设计环节	国外没有增加或增加很少，国内一般增加 1 个月至 45 天	（1）国外现浇建筑施工图设计也非常详实，所以装配式设计与现浇设计时间相差不多；国内现浇设计引用标准图较多，设计较为粗放，装配式设计增加了设计内容，设计时间增加较多 （2）国外装配式建筑可选用标准化产品的范围较广，如预应力楼板（图 13-1）、叠合楼板、集成化产品（图 13-2），设计时直接选用即可，不用进行构件等设计；国内都是按项目进行定制化设计，图纸增加量较大 （3）国外装配式建筑利用外挂墙板较多，外挂墙板与主体结构关系不大，不影响主体结构的施工进度 （4）国外柱梁结构体系较多，复合构件、大型构件较多（图 13-3），构件数量较少，非标准化的深化设计内容较少 （5）国外都采用管线分离（图 13-4），协同设计相对清晰、简单 （6）国外没有第三方审图环节，设计师负责制，国内审图需要耗费一些时间
2	制作环节	国外对工期没影响，国内有不同程度影响	（1）国外在整个项目筹划时，预制构件等部品部件制作时间已经考虑在内，能够及时提供给施工现场；国内有些项目施工开始后再采购构件等部品部件，制作加工时间影响项目工期 （2）国外预制构件等部品部件质量精良、到货及时，不影响工期；国内有些项目构件等部品部件交货迟缓，有时因质量问题需要调换，甚至重新制作加工，造成窝工，甚至停工，影响工期
3	施工环节	国外装配式建筑主体结构施工工期与现浇基本一致，国内装配式建筑一般每层增加工期 0.4 至 2 天	（1）国外集成化程度高，外墙装饰一体化，有些项目玻璃幕墙都在预制构件工厂安装完成（图 13-5），现场节省工期；国内集成化程度低，很多项目外墙预制后，仍采用铺贴保温板、薄抹灰、装饰面施工等方式，工期无法缩短，甚至更长 （2）国外采用全装修，干法施工，装修紧随主体结构施工，穿插作业，节省工期；国内一些装配式项目，主体结构施工后再进行装修，工期延长 （3）国外采用复合预制构件、大型预制构件较多，吊装效率高；国内构件拆分较小，吊装效率低 （4）国外结构湿连接少，后浇混凝土部位少，数量少，国内虽然后浇混凝土量减少了，但点多面广，现浇与预制装配转换频繁，尤其是剪力墙结构体系，费工费时 （5）国外装配式建筑施工计划和组织细致、有序，各环节施工无缝衔接；国内一些装配式项目施工管理混乱，窝工现象时有发生 （6）国外预制构件等部品部件市场成熟、供需平衡；国内有些地区人为地造成供给侧紧缺，构件等部品部件供应不及时，影响工期 （7）国外只在适合做装配式的项目或建筑上做装配式；国内有些不适宜的项目或建筑也做装配式，有些项目预制装配范围不合理，造成施工难度加大，工期增加 （8）国外没有环保、大型活动限产、停工要求；国内此方面影响时有发生

▲ 图 13-1　日本装配式建筑采用的大跨度预应力楼板

▲ 图 13-2　集成卫浴

▲ 图 13-3　日本预制多节莲藕梁

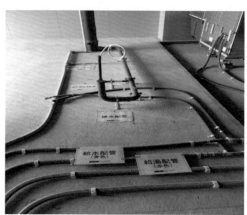

▲ 图 13-4　管线与结构体分离

13.1.2　施工企业工期延误的原因

施工企业工期延误是指没有按合同约定的工期完成施工，主要有以下原因：

1. 签订了一个无法履约的工期

（1）不了解装配式建筑的规律和特点　由于施工企业对装配式建筑的规律和现状不了解，也没有请有经验的顾问单位给予咨询，仍然按照现浇工期签订合同。

（2）没有考虑预制构件等部品部件供应的合理周期　对预制构件等部品部件供给情况不了解，没有给构件等部品部件留出充裕的制作加工时间。

（3）没有设计协同的意识　施工单位在参与项目的早期没有向甲方提出参与设计协同，

▲ 图 13-5　日本在工厂已经安装好玻璃幕墙的预制构件

或者在图纸审核环节、合同评审环节没有对工期进行科学定量的评估。

（4）对不适宜做装配式的项目分析不足　有些项目不适宜做装配式，但政策要求不得不做装配式，施工企业对这类项目不适宜性分析不足，包括模具多、工序繁杂、现浇与预制装配转换多，导致工期延长。

（5）施工企业装配式建筑工期意识淡薄　施工企业误以为装配式建筑也可以像现浇建筑一样通过增加模具工、增加钢筋工、增加浇筑工来抢工期，却没有意识到一个预制构件不按时到场，就会影响整个项目的工期。

（6）为了抢到订单，付款条件不好也签约　现浇建筑有些材料，如砂石料，由于是长期合作客户，有赊欠的可能性，但装配式建筑的预制构件等部品部件不及时付款，就没办法组织生产，赊欠的可能性较小。

2. 履行过程中外部原因导致工期延误

（1）甲方原因　一方面装配式建筑强调设计、制作、施工一体化同步推进，一旦确定的方案不能随便更改，但由于甲方对实施流程不熟悉，对很多工程项目的期望过高，在施工开始后又会提出新的想法，甚至去改变方案，从而导致工期延误。另一方面合同约定的甲方付款时间和方式不合理，或者甲方没有按照合同约定及时付款，导致施工企业资金紧张，影响正常施工。

（2）设计原因　包括设计错误、设计遗漏、设计不合理导致工期延长。

（3）预制构件等部品部件工厂原因　预制构件等部品部件交货不及时，或者进场的构件等部品部件质量存在问题，无法安装，导致窝工、停工。

3. 自身施工组织与管理不到位导致工期延误

（1）管理模式和管理体系不适应装配式建筑的要求导致工期延误　装配式建筑与传统现浇建筑相比，实施过程集约化程度和技术含量更高。很多项目由于没有采用与装配式建筑相适应的设计-生产-安装一体化的管理模式，没有建立完善的共同协商、齐头并进、相互支持的项目管理流程和制度，时常因信息孤岛、利益冲突等问题导致各自为战而产生内耗，从而延误工期。

（2）施工组织设计不科学导致工期延误　施工组织设计人员没有装配式建筑施工的经验，也没有向有经验的施工单位人员咨询，对施工计划没有预见性，细节考虑不周，施工计划不科学、不合理。

（3）施工计划落实不到位导致工期延误　没有按照施工计划组织实施，没有解决瓶颈工序的流程和机制，没有根据施工的实际情况对计划进行及时的调整。日本装配式项目的总承包单位每天早上都要组织分包单位进行"打合"，所谓"打合"就是沟通、协同的会议，总结前一天计划的完成情况，确定当天应落实的计划。

（4）预制构件不直接吊装导致工期增加　预制构件进场后在运输车上直接吊装可以节省大量工期，但目前国内绝大部分装配式项目施工企业没有直接吊装的意识，习惯性地在施工现场设置构件存放场地，大部分构件采用二次吊装的方式，导致工期增加、成本增加。日本的装配式建筑施工场地基本不设置构件存放场地，构件全部采用直接吊装的方式。

（5）与预制构件等部品部件工厂协同不到位导致工期延误　施工单位对预制构件等部品部件的生产进度没有进行跟踪，安装时才发现构件等部品部件没有生产出来，只能被迫停工。

（6）施工准备不充分导致工期延误　没有做好施工准备，包括技术准备、人员准备、设备准备、材料准备、设施准备等，从而导致工期延误。

（7）施工不规范导致工期延误　施工人员野蛮施工，导致预制构件损坏时无备用构件，造成工期延误。

（8）没有考虑特殊原因对工期的影响　施工单位在确定合同工期时通常是按日历天数，而没有扣除下雨不能作业、六级风以上不能作业、施工人员正常休息等时间，而这些又恰恰是影响工期不可忽视的因素。

13.2　确保工期的主要措施

（1）宜尝试能采用工程总承包（EPC）模式，将设计、生产、施工方案同步制定，同时在实施过程中加强各参与单位的协调。

（2）没有采用工程总承包（EPC）模式的项目，施工单位应做好与设计单位、预制构件等部品部件工厂的协同。

1）与设计单位做好协同，确保设计完整、准确、合理，避免因设计原因导致施工困难，甚至无法施工的现象，同时还要尽可能避免施工过程中的设计变更。

2）选择有经验、业绩好、信誉高的预制构件等部品部件工厂，并尽早签订供货合同，以保证工厂有充裕的生产时间，保证部品部件的生产进度和质量。对部品部件工厂的生产要全程跟踪，以便及时解决可能影响工期的问题。

（3）应由掌握装配式建筑规律和特点的人员主导装配式项目的施工，既没做过装配式项目施工，也没有装配式项目施工专业人员的施工企业，应请有装配式施工经验的顾问单位给予指导，或者聘请有装配式经验的人员担任项目负责人。

（4）做好合同评审，与甲方签订一个工期可以实现的合同。

（5）编制切实可行的施工组织方案和施工计划（表13-3），并组织好施工计划的实施。每天都要对施工计划的执行情况进行检查，并根据具体情况对施工计划进行及时的修订，对没有按时完成的计划部分，要采取补救措施。

（6）保证原材料及安装材料及时进场，进场时间要满足施工需要，对施工所有的原材料及安装材料要列出清单，避免个别材料进场不及时造成窝工、停工。

（7）劳动力供应一定要充足并合理搭配，技术培训常态化，提高作业人员技能水平，核心技术工人要保持稳定。

（8）设备供应要做好策划，根据施工技术方案合理优化，型号和性能灵活匹配，满足施工要求。

（9）预制构件进场后，应尽可能采用直接吊装的作业方式。

（10）合理安排工序，有效实施流水作业和穿插施工。

（11）运用BIM手段，保证施工质量，提高施工效率。

表 13-3　某项目部分楼层施工组织方案和施工计划

施工区	日期	第一天	第二天	第三天	第四天	第五天	第六天	第七天	第八天	第九天	第十天	第十一天	第十二天
第N/N+1层施工1区	放线												
	预制墙体吊装												
	灌浆施工												
	拼缝处钢筋绑扎												
	铝模支设												
	外架上翻												
	水平构件吊装												
	梁板钢筋绑扎												
	水电穿插施工												
	混凝土浇筑及养护												
第N/N+1层施工2区	放线												
	预制墙体吊装												
	灌浆施工												
	拼缝处钢筋绑扎												
	铝模支设												
	外架上翻												
	水平构件吊装												
	梁板钢筋绑扎												
	水电穿插施工												
	混凝土浇筑及养护												

13.3　合同评审要点

为保证履约的顺利进行，合同评审有三种情况：总承包方自身有设计、预制构件制作、施工能力，只需进行与甲方的合同评审及其他部品部件和材料供应商的合同评审；总承包方只有施工能力，但有设计联合体、预制构件生产联合体，需要进行与甲方的合同评审、与设计联合体的合同评审、与预制构件生产联合体的合同评审及其他部品部件和材料供应商的合同评审；如果仅仅是单独的施工企业，需要进行与甲方的合同评审、与预制构件工厂的合同评审及其他部品部件和材料供应商的合同评审。合同评审的要点是能够履约，总承包方或施工单位要保证与甲方合同的履约，同时还要保证设计、预制构件等部品部件工厂及材料供应商合同的履约。

13.3.1　与甲方的合同评审要点

1. 工期评审

工期是合同中最重要的条款之一，是履约的关键要素之一，因此，在签约时要格外关注，装配式混凝土项目的工期评审要注意以下几点。

（1）要考虑装配率或预制率指标要求的影响　我国目前阶段装配式混凝土项目的工期与现浇混凝土项目有较大区别，受装配率、预制率影响较大，装配率、预制率越高，工期越长。所以在确定项目工期时要充分考虑所采用的预制构件种类、数量、安装难易程度等因素。

（2）要考虑预制构件等供货时间的影响　我国目前阶段装配式混凝土项目都需要定制预制构件等部品部件，由于构件设计、模具设计及制作、构件生产、养护都需要一定周期，所以在确定项目工期时，应充分考虑预制构件等部品部件的合理供货时间。

（3）要考虑外部因素的影响　在确定工期时，要充分考虑天气、施工期间重大活动等外部因素的影响，尤其是可以预见的一些重大活动。

2. 履约能力评审

（1）施工组织能力评审　应对合同总工期、中间节点工期依据工程量及自身施工组织能力尤其是预制装配方面的组织能力进行审核，避免盲目承诺。

（2）预制构件安装能力评审　应对采用的预制构件进行全面了解，并对大型构件、异型构件安装的起重机等设备能力、技术人员能力、施工安装人员能力、检查验收能力等进行评审。

3. 付款方式和资金保证能力评审

（1）根据不同的结算方式做好资金保证能力的评审　结算一般有按月结算、分段结算、竣工后一次结算等方式，要根据项目资金用量及结算方式，评估资金筹集和垫资能力。

（2）要考虑采购预制构件等部品部件的资金需求　装配式项目采购预制构件等部品部件付款的及时性要求较高，一般需要有预付款，并按月支付进度款，这方面在付款方式和资金保证能力评审时应重点予以考虑。

13.3.2　与供货方的合同评审要点

装配式混凝土项目的供货方除了传统现浇建筑的供货方外，还增加了预制构件等部品部件供货方、灌浆料等材料供货方、支撑体系和吊装用具等安装材料供货方等。供货方的合同评审应注意以下要点。

1. 供货期评审

（1）应考虑合理的生产制作时间　预制构件等部品部件都有一定的生产周期，预制构件一般还需要有深化设计时间、模具设计及制作时间，构件还需要养护到出厂强度后方可发货。如果供货期不合理，就会增加构件等部品部件的生产成本，导致价格增加，或者出厂构件强度没有达到要求，构件在运输、安装过程出现裂缝、缺棱掉角，甚至出现吊装安全事故等。

（2）应考虑外地采购材料的运输时间　灌浆料、座浆料、套筒、保温板拉结件等材料一般需要在外地采购，对供货期评审时要充分考虑运输时间，以及天气等可能对运输造成的影响。

（3）应考虑特殊材料的试验检验周期　灌浆料、套筒等装配式建筑所用的特殊材料，要按规范规定进行试验检验，对供货期评审时应考虑这些材料的试验检验周期。

2. 履约能力评审

（1）生产能力评审　一些预制构件工厂，尤其是装配式建筑发展较快城市的构件厂生产任务都比较饱和，所以在进行生产能力评审时，除了评审构件厂设计产能外，还应重点评审构件厂富余产能。

（2）技术质量能力评审　选择预制构件等部品部件工厂时，不应把重点放在是否有生产线，厂区、厂房建设是否"高大上"，应重点评审构件厂的业绩、经验、构件质量和技术质量能力。技术质量能力评审应注重人员的专业程度、质量保证体系、检测试验能力、原材料来源及质量保证等。

3. 价格及付款方式评审

（1）价格评审　有些地区预制构件等部品部件市场竞争较为激烈，价格战有越演越烈的趋势，同时套筒、灌浆料等产品生产厂家越来越多，质量参差不齐，在进行产品选择和价格确定时，一定是在保证质量的情况下，选择价格相对较低的产品，应注重性价比，价格不是越低越好。

（2）付款方式评审　预制构件等部品部件的付款方式应考虑生产所需要的资金，保证部品部件按时生产和交货。

13.4　施工计划编制内容、深度与实施要点

13.4.1　施工计划编制内容

施工计划编制内容主要包括：
（1）总体施工计划。
（2）设备计划（特别是起重设备计划）。
（3）吊具计划。
（4）人员计划。
（5）预制构件进场计划。
（6）其他部品部件进场计划。
（7）安装及消耗材料进场计划。
（8）预制构件吊装计划。
（9）灌浆计划。
（10）安全计划。

13.4.2　施工计划编制深度

1. 设备计划编制深度
（1）需要设备的种类、数量、型号、品牌。
（2）设备来源，包括：原有设备、购置设备、租赁设备。
（3）起重设备布置方案，起重设备维修及保养。
（4）塔式起重机升节时间。
（5）备用设备种类、数量、型号、品牌。
2. 吊具计划编制深度
（1）需要的吊具、吊索、索具种类、数量。

（2）不同预制构件吊装对应的吊具、吊索和索具。

（3）吊具的制作图纸、制作厂家、制作周期。

（4）吊具、吊索、索具的进场时间。

（5）吊具、吊索、索具的检查验收计划和方法。

（6）备用的吊具、吊索，索具的种类、数量。

3. 人员计划编制深度

（1）根据施工总体计划确定需要的工种。

（2）根据各环节工程量确定各工种人员数量。

（3）各工种人员进场计划、退场计划。

（4）人员培训、考核计划。

4. 预制构件进场计划编制深度

（1）项目需要的预制构件种类、各种预制构件的数量。

（2）预制构件总体进场计划安排。

（3）每栋楼、每层楼需要的预制构件种类、规格型号、数量。

（4）预制构件按日、按小时的进场时间（表13-4），进场种类、规格型号、数量。

（5）每车预制构件的装车顺序。

（6）直接吊装构件的清单、进场时间和顺序。

（7）预制构件运输需要的时间。

（8）预制构件进场检验时间的安排。

（9）预制构件进场不及时、出现质量问题的应急措施。

表 13-4　某项目其中一栋楼的预制构件进场时间

项目	各层构件进场时间																				
	4月				5月						6月						7月				
	10	20	25	30	5	10	15	20	25	30	4	9	14	19	24	29	4	9	14	19	24
第20层构件																					◎
第19层构件																				◎	
第18层构件																			◎		
第17层构件																		◎			
第16层构件																	◎				
第15层构件																◎					
第14层构件															◎						
第13层构件														◎							
第12层构件													◎								
第11层构件												◎									
第10层构件											◎										

（续）

项目	各层构件进场时间																				
	4 月				5 月						6 月						7 月				
	10	20	25	30	5	10	15	20	25	30	4	9	14	19	24	29	4	9	14	19	24
第 9 层构件										◎											
第 8 层构件									◎												
第 7 层构件								◎													
第 6 层构件							◎														
第 5 层构件						◎															
第 4 层构件					◎																
第 3 层构件				◎																	
第 2 层构件			◎																		
第 1 层构件		◎																			
试验安装单元构件	◎																				

5. 其他部品部件进场计划编制深度

（1）项目需要的其他部品部件种类、数量。

（2）其他部品部件总体进场计划安排。

（3）每栋楼、每层楼需要的其他部品部件种类、规格型号、数量。

（4）其他部品部件按日、按小时的进场时间，进场种类、规格型号、数量。

（5）其他部品部件运输需要的时间。

（6）其他部品部件进场检验时间的安排。

6. 安装及消耗材料进场计划编制深度

（1）安装及消耗材料的种类、规格型号、品牌、数量。

（2）各种安装及消耗材料的来源，包括：自有材料、购置材料、租赁材料、外委加工材料。

（3）采购、租赁、外委加工单位。

（4）材料采购及租赁计划。

（5）材料进场计划，包括部分材料分批次进场计划。

（6）材料检查验收及检查时间安排。

（7）外委材料的设计时间、加工时间。

7. 吊装计划编制深度

（1）需要吊装的物料种类、数量。

（2）预制构件安装时难点、重点问题分析及解决办法。

（3）当天每台起重设备需要吊装的物料种类、数量，需要吊装的次数。

（4）每次吊装安排的作业时间及需要的作业时长。重点要测算各种规格型号预制构件从挂钩、立起、吊运、安装、固定、回落一个流程在各个楼层高度所用的工作时间数据。

（5）依据测算取得的时间数据计算一个施工段所有物料吊装所需起重设备的工作时间。

（6）如果吊装用起重设备工作时间不够，吊运辅助材料可采取其他垂直运输机械配合。

（7）预制构件安装专业人员的需求数量、培训计划。

（8）吊装配合工序的计划安排，包括支撑体系搭设、放线、标高调整等。

（9）预制构件安装后检查方案。

8. 灌浆计划编制深度

（1）需要灌浆的预制构件种类、数量及分布。

（2）每个预制构件灌浆的具体时间及需要的时长。

（3）灌浆作业各环节需要的时间及具体安排，包括结合面清理、接缝封堵及分仓、灌浆料搅拌及检测、灌浆作业、灌浆饱满度检查等。

（4）分仓方案及接缝封堵方式、方法、技术要求。

（5）灌浆料制备办法及要求。

（6）监理旁站及视频拍摄要求。

（7）机具准备及备用设备计划。

9. 安全计划编制深度

（1）各环节需要的安全措施、应配备的安全设施、危险源控制方法的安排与预案。

（2）起重设备的主要性能及参数、机械安装、提升、拆除的专项方案制定。

（3）安全操作规程编制及培训计划。

（4）吊装用吊具、吊索、索具等受力部件的检查计划。

（5）临时支撑体系搭设及拆除检查计划。

（6）高空作业车、人字梯等登高作业机具的检查计划。

（7）个人劳动防护用品使用检查计划。

13.4.3 施工计划实施要点

（1）施工计划的编制必须考虑可实施性。

（2）施工计划编制后，应对相关人员进行计划交底和培训。

（3）专人负责计划实施的监督、检查，对计划实施可能遇到的障碍，应提前制定预防措施；对没有按照计划实施的环节，应采取补救措施。

（4）定期（如每周）召开计划实施评审会，并根据实际情况适时地对计划进行更新。

（5）要做好与预制构件等部品部件工厂、材料供应商、外委加工单位的协同。充分利用微信等方便快捷的联络方式。

（6）安排人员不定期到预制构件工厂等重要的部品部件单位了解生产进度、备货情况。

（7）外地采购的部品部件及材料应提前进场，以防因天气等原因影响货物进场时间。

13.5 影响工期的变更管理要点

甲方变更、设计变更对装配式混凝土项目的工期和成本影响较大，应强化管理，管理要点如下：

（1）应建立变更管理制度和工作流程。

（2）变更必须以变更通知书等书面方式下达。

（3）变更必须说明变更的原因，如设计错误、设计遗漏导致的安装施工困难或无法安装。

（4）变更应注明增加的工程量及对工期的影响。

（5）变更应有甲方、监理、设计签字、盖章，甲方签字及盖章应与项目合同签署的签字、盖章一致。

（6）没有收到书面变更前，施工单位应拒绝进行变更施工。

13.6 与预制构件工厂签订供货合同要点

装配式项目的总承包单位或施工单位与预制构件工厂签订的采购合同或供货合同一般包括的条款有：预制构件的种类和数量（立方量）、合同额、付款方式、交付方式、交付时间、交付地点、质量标准、质量验收、双方责任和义务、违约责任等。在合同签订时应注意以下要点。

1. 合同应公平、对等

合同约定的责任、义务、违约责任应公平、对等。合同不能只强调预制构件工厂的责任和义务，甚至约定一些无法承担的责任，无法履行的义务；违约责任也不能仅仅针对构件厂，如构件晚交付一天罚款多少钱，而没有规定对施工单位自身不按时付款应承担的违约责任。不公平、不对等的合同签订容易，执行时可能就会出现一些纠纷和矛盾，一旦双方打起了官司，一些不公平的条款就可能得不到法院的支持。

2. 合同应注重可执行性

合同约定的预制构件交付时间、构件质量一定要科学、合理。合同约定的预制构件交付时间应考虑合同签订后预制构件工厂的生产准备时间，如模具设计和制作时间、构件设计时间、构件养护时间等。生产准备时间一般需要 30~60d。不得签完合同就逼着构件厂交货，不合理的交货期一定会在成本和质量上付出代价。同时构件质量达到规范和设计要求即可，不可提出过高的、构件厂实现不了或者需要付出过高成本才可以实现的质量。

3. 交付时间要清晰、明确

合同对预制构件交付时间的约定，一是应有一个总体的交付时间，即所有构件交付的时间段要求；二是应根据安装计划确定一个详细到日、详细到每一个构件的交付时间。并将构件交付时间编制成表格，作为合同的附件。

4. 保证安装所需的技术要求

合同中应对预制构件生产对安装有直接影响的技术指标提出具体要求，如安装所需的预埋件、预埋物、预留孔洞的技术要求，镜像构件的质量要求等。

5. 明确进度、质量监督的责权利

合同应明确施工单位有权对预制构件工厂构件生产的进度和质量进行监督，以便提前发现进度和质量问题，并协同解决，保证施工工期不受影响。对一些非常规构件的生产进度和质量应作为监督检查的重点，因为这类构件一旦缺失，补救时间相对较长。

6. 强调出厂检查

对预制构件出厂检查应做严格约定。认真做好预制构件出厂前的检查，保证出场的构件都是合格品，可以确保现场安装，特别是直接安装的顺利进行。

7. 付款方式应合理

合理的付款条件及方式，可以保证预制构件工厂预制构件生产的资金需求，这是构件生产顺利进行的最有力的保障，从而保障构件的按时交付。

8. 质量责任划分应明晰

合同应对质量责任的承担边界进行划分。如果预制构件价格中包含了运费，由预制构件工厂负责送货，构件在施工现场卸货前的质量责任就全部由构件厂承担，这是目前采用最多的一种模式。这种模式构件在现场卸车前的质量检查就显得尤为重要，如果卸车前没有进行质量检查，卸车后再发现构件质量问题，就会产生纠纷和工期延误。

9. 提供的配套件约定清楚

预制构件工厂在提供预制构件的同时，有时还需要提供一些配套件，如箍筋、吊具等，合同应对配套件的种类、数量、规格型号、交付时间等做出明确约定，也可以以合同附表的形式体现。

▌13.7　预制构件生产计划、发货计划与安装计划衔接要点

1. 编制详实的安装计划

施工单位应编制详实的安装计划，计划需落实到每个预制构件的安装时间、进场时间及安装顺序，尽最大可能进行直接吊装。

2. 根据安装计划编制生产计划、发货计划

施工单位及时将安装计划发送给预制构件工厂，构件厂根据安装计划编制生产计划、发货计划，并将生产计划、发货计划，尤其是发货计划发送给施工单位，以便施工单位了解掌握发货计划。

3. 根据安装顺序确定装车顺序

施工单位为了尽最大可能进行预制构件的直接吊装，应及时将构件安装顺序发送给预制构件工厂，构件厂根据构件直接吊装的顺序安排装车顺序，先吊装的构件后装车，后吊装的构件先装车（表 13-5）。

表 13-5　预制构件直接吊装的装车顺序

预制构件	吊装顺序	装车顺序
构件 1	1	4
构件 2	2	3
构件 3	3	2
构件 4	4	1

无法进行直接吊装的构件也应安排好装车顺序，装车顺序与直接吊装相反，即先吊装的构件先装车、后卸车，后吊装的构件后装车、先卸车（表 13-6）。

表 13-6　预制构件先卸到现场存放场地再吊装的装车顺序

预制构件	吊装顺序	卸车顺序	装车顺序
构件 1	1	4	1
构件 2	2	3	2
构件 3	3	2	3
构件 4	4	1	4

13.8　缩短工期的补救措施

因甲方付款延迟、设计错误或下达变更占用的时间、监理隐蔽工程验收不及时、天气等不可抗力原因导致的工期拖延，施工单位应做好记录，不属于施工单位的违约范畴。施工单位自身原因造成的工期延误，应查找导致延误的关键因素，进行定量分析，并采取切实可行的补救措施。

1. 增加预制构件模具

预制构件生产无法满足安装进度要求时，可以考虑增加构件模具（图 13-6），由于增加钢模具周期较长，可以采用混凝土模具、木模具用以应

▲ 图 13-6　在车间空闲区域临时增加模具

急（图 13-7）。

2. 增加生产厂家

如果供货的预制构件工厂生产任务已经饱和，难以提高产能，也可以寻求其他构件厂给予临时支援。

3. 增加起重设备

因起重设备原因影响工期，可以考虑增加履带式起重机、轮式起重机等辅助塔式起重机进行吊装作业，用于裙楼吊装作业，以及重量较小的物件的吊装作业（图 13-8）。还可以在作业楼层采用微型吊装设备，用以辅助作业楼层小件物品的吊装作业。

▲ 图 13-7　预制楼梯木模具

▲ 图 13-8　轮式起重机辅助作业

4. 增加班组和作业人员

灌浆作业、后浇混凝土作业、临时支撑搭设作业影响工期时，可以增加作业班组和人员。在保证作业质量的前提下，还可以增加作业时间。

5. 优化施工工序

对施工工序进行优化，各工序必须严格遵守工序流程，不得颠倒，形成流水作业，有条件的情况下，还要进行穿插施工。

6. 采取一些技术措施

为了缩短工期还可以采取一些有效的技术措施，如采用早强剂、局部加热养护等，以提高混凝土早期强度，采用强度等级更高的接缝封堵用的座浆料，缩短灌浆等待时间等。

第 14 章
成本问题原因分析和控制措施

本章提要

　　对装配式混凝土建筑施工的成本增量和减量进行了分析，指出了施工安装常见的浪费现象，给出了降低成本减少浪费的措施、减少窝工的措施和提高起重设备利用率的措施。

14.1　施工成本增量与减量分析

14.1.1　施工成本增量分析

1. 起重设备成本增量

　　由于装配式项目（特别是预制率20%以上的项目）普遍是一栋一吊，起重设备配置数量增加；装配式预制构件的重量比传统现浇建筑需要吊装的材料重量要重，所以需要起重量更大的起重设备。由此增加了起重设备的基础费用和租赁成本（图14-1）。

▲ 图 14-1　某项目因吊装半径和单体重量要求，增大塔式起重机型号、增加塔式起重机数量

2. 存放方面的成本增量

　　我国装配式建筑项目还很少能实现预制构件进场后全部直接吊装，所以施工现场都需要设置构件存放场地（图14-2），构件存放场地的硬化及地下室顶板加固、构件存放架等存放设施、垫块垫木等构件存放支垫材料、构件存放场地的防护围栏等都导致了成本增加。

3. 安装材料、工具方面的成本增量

　　采用装配式建造方式增加了斜支撑、吊装用具、垫片、螺栓等吊装、安装的工具或周转材料，导致了成本增加。

（1）预制柱、预制墙板等竖向构件安装就位后，灌浆及后浇混凝土浇筑并达到一定强度前，需要利用斜支撑体系对构件临时加固（图 14-3），增加了斜支撑体系的采购费或租赁费。

▲ 图 14-2　施工现场预制构件存放场地 　　　　　▲ 图 14-3　斜支撑体系

（2）预制构件的吊装需要专用的吊具、吊索和索具等吊装用具，采购成本较高，并需要定期更换，增加了施工成本。

4. 灌浆材料及设备的成本增量

装配式建筑大部分竖向构件需要通过灌浆进行连接，由此增加了接缝封堵材料、灌浆料、灌浆设备及工具摊销、相关检测费等成本（图 14-4）。

5. 安装缝打胶密封的成本增量

预制外墙板安装后，外挂墙板和夹芯保温剪力墙外墙板的外叶板，墙板之间的安装缝需要填充密封胶等进行防水、防火及美化处理，由此产生了成本增量。

6. 安全方面的成本增量

因装配式建筑特殊性，需增加高空作业防护及吊装等防护设施，灌浆工等专业工种需要培训领证，超大型或危险性较大的预制构件需要制定专项吊装方案并进行论证等，都会产生安全方面的成本增量。

▲ 图 14-4　竖向预制构件灌浆作业

7. 现场人工成本增量

装配式混凝土建筑施工过程中，增加了吊装作业、斜支撑体系搭设、灌浆作业、安装缝封堵作业等人工费用。

14.1.2　施工成本减量分析

1. 模板成本减量

采用预制构件后，减少了楼板、内外剪力墙板、楼梯、阳台、空调板等模板的用量，减少模板用量的同时也减少了木工作业人员的数量和费用（图 14-5）。

2. 脚手架成本减量

水平预制构件采用独立支撑体系与传统建筑采用满堂红脚手架相比，支撑体系费用大大减少（图 14-6）；当采用竖向预制构件时，可以采用与装配式相适应的外挂架等（图 14-7），外架费用也大大减少。

▲ 图 14-5　采用叠合板可以减少楼板模板用量

▲ 图 14-6　用于水平预制构件的独立支撑体系

▲ 图 14-7　采用外挂架的装配式项目

3. 免抹灰成本减量

由于预制构件的高精度，内外墙体可以免抹灰，不用再做找平层，可以直接进行腻子层施工（图 14-8）。

4. 现浇施工成本减量

装配式建筑减少了与现浇混凝土相关的作业量，除了上面提到的模板用量减少外，还减少了钢筋绑扎、混凝土浇筑等作业量。

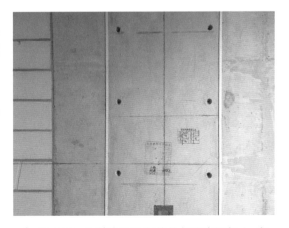

▲ 图 14-8　高精度的预制构件与现浇混凝土、高精砌体的无高差连接

▌14.2　施工安装常见浪费现象

14.2.1　不能从运输车直接吊装导致的浪费

由于施工组织不严密，或者与预制构件工厂协调不充分，导致进场的构件与需要安装的构件不能完全吻合，或者虽然进场构件与需要安装的构件完全一致，但构件装车顺序与安装顺序不一致，或者构件出厂前没有进行仔细检查等都会造成构件无法从运输车上直接吊装。构件不能直接吊装，就会产生二次吊运成本、构件存放成本，还会大大降低施工效率，延长施工工期，导致浪费。

14.2.2　存放方面的浪费现象

1. 预制构件没有存放在起重机作业半径内导致的浪费

由于塔式起重机作业半径内没有临时存放场地或者没有满足运输要求的道路，预制构件进场后又不具备直接吊装的条件，只能临时存放在塔式起重机作业半径范围外，然后通过二次倒运后再进行吊装作业，导致成本增加，同时也增加了构件损坏的风险。

2. 存放错误导致构件出现质量问题的浪费

预制构件存放错误包括不同规格的叠合楼板混叠存放、叠放层数过多、支垫错误、异型构件没有做存放专项设计等。存放错误容易导致构件裂缝，产生修补成本，甚至导致构件报废；还可能造成构件倒塌，从而产生构件损失和安全成本。

3. 存放量过大导致的浪费

由于施工单位与预制构件工厂协同不够，或者现场施工工期拖延，导致现场存放了大量的暂时不能安装的预制构件，占用场地过大，需要的存放架、垫块等存放材料量也增加，还增加了构件保护的费用。另外，构件存放量大，还会造成构件存放随意、不规范，导致损坏。

14.2.3　起重设备方面的浪费

1. 起重设备选型不当导致的浪费

（1）未充分考虑单体预制构件重量和起重幅度而需另配起重设备，造成成本增加。

（2）只考虑安全性，过度加大起重设备安全系数，选用型号过大的起重设备而造成基础费用和租赁费增加。

2. 起重设备配置过多导致的浪费

（1）因临时性抢工期，现场租用多台起重设备，抢工期作业完成后，其他工序作业又衔接不上，整体工期没有缩短，还浪费了起重机租赁费用。

（2）施工前，进行现场平面布置时，因考虑不周全，起重机选型和位置布置不合理，增加了起重机数量，造成浪费。

3. 工期拖延导致的起重设备浪费

（1）因施工组织不当，工序进展缓慢而延长工期，造成起重设备成本增加。

（2）因协同不利，预制构件等供应不及时而延长工期，造成起重设备成本增加。

4. 起重设备维护保养不及时导致的浪费

未制订起重设备保养制度，也未定期对起重设备进行维护保养，致使小问题转变成大毛病，导致需要花费较高的维修费用。

14.2.4　材料方面的浪费

1. 材料采购不当导致的浪费

（1）采购的材料存在质量问题，材料退货调换浪费时间，影响工期；而一旦使用了不合格材料，就会影响工程质量和安全，会造成更大浪费。

（2）材料采购过多，增加存放保管成本；对有保质期要求的材料，如灌浆料、座浆料等，如果采购过多，未在保质期内使用完，需要丢弃而造成浪费。

2. 材料保管领用不当导致的浪费

（1）材料未按要求存放到指定的区域，造成损坏丢失，导致浪费。

（2）材料领用制度不健全，不按消耗定额领用，多领用未使用完的消耗性材料，没有退库，随意丢弃造成浪费。

3. 周转材料管理不善导致的浪费

装配式混凝土建筑施工现场作业

▲ 图 14-9　未及时收集的独立支撑部件容易损坏或丢失

工序较多，使用的周转材料种类和数量较多，使用后如果不及时收集整理，随意丢弃，很容易造成周转材料损坏，甚至丢失（图 14-9）。

14.2.5　人工方面的浪费

1. 人员配置不合理导致的浪费

未按进度要求和工艺要求合理配置作业人员，或工作负荷不饱满，或出现间歇性大面积窝工现象，导致人工方面的浪费。

2. 人才匮乏导致的浪费

具有一定技能水平的装配式建筑产业工人匮乏，造成产业工人人工费较高；或者完成同样的作业任务，由于技能低，需要更多的作业人员，造成人工费增加（图 14-10 和图 14-11）。

▲ 图 14-10　日本某项目复合构件莲藕梁就位只
需 2 人

▲ 图 14-11　我国某项目剪力墙就位需要 5 人

3. 管理不善导致的人工浪费

因流水施工及穿插作业安排不当、部分工序停工、机械设备损坏、预制构件等部品部件
进场不及时等,导致施工人员窝工而造成人工费增加。

14.2.6　过度支撑导致的浪费

由于一些装配式混凝土项目采用双向叠合楼板,叠合楼板之间有 300~400mm 宽的现浇
带,所以还是习惯性地采用满堂红支撑体系,有些单向叠合楼板密拼项目也采用满堂红支撑
体系。个别项目在采用满堂红支撑体系的同时还在叠合楼板安装部位满铺了胶合板(图 6-13)。
满堂红支撑不仅增加了支撑租赁费用,增加了支撑的安拆时间,同时还因占据空间影响了同
楼层其他环节譬如灌浆环节的作业,这都会导致成本增加,满铺胶合板浪费尤其大。

14.2.7　过度保护导致的浪费

目前我国很多装配式项目施工现场对安装后的预制楼梯满铺木板进行保护。楼梯安装
后可进行适当保护,但不应过度,最主要还是应通过对施工人员的培训和教育,提高施工人
员成品保护的意识,来达到成品保护的目的。楼梯满铺木板保护及一些人行通道满铺木板
保护属于过度保护,是一种浪费。

14.2.8　作业不当导致的浪费

1. 吊运不当导致的浪费

预制构件从运输车吊运到安装作业面,或从运输车吊运到存放场地,或从存放场地吊运
到安装作业面时,由于采用吊具错误,或者因吊装路线、吊装速度掌控不好,或者起重机司
机、吊装工、信号工等配合不当都可能造成预制构件磕碰,导致构件损坏,需要修补或报
废,造成浪费(图 14-12)。

2. 周转材料拆除不当导致的浪费

支撑体系、后浇混凝土模板等拆除过程中,作业人员野蛮作业,导致周转材料损坏;拆

除后部品部件随意丢弃，不及时收集整理，导致损坏或丢失（图 14-13）。

▲ 图 14-12　吊装过程中预制构件磕碰损坏

▲ 图 14-13　斜支撑固定螺杆被拆除扔掉

3. 安装不当导致的浪费

（1）因赶工期对质量重视不够，或因作业人员技能低，安装作业完成的精度不达标，超差严重，需要进行二次调整，增加费用、影响工期（图 14-14）。

▲ 图 14-14　安装精度不满足要求需二次调整

（2）因作业人员技能低或责任心不强，造成预制构件安装位置或方向错误，需要返工，导致时间成本和人工成本增加，造成浪费。

4. 灌浆作业不当导致的浪费

（1）接缝封堵不密实，灌浆时出现漏浆现象，不但影响后续作业和灌浆质量，还会造成封堵材料和灌浆材料的浪费。

（2）灌浆料调制过多，未在 30min 有效时间内使用完，导致浆料初凝无法继续使用，造成浪费（图 14-15）。

（3）因灌浆作业或设备使用不当，造成灌浆不饱满或灌浆失败而导致的浪费。例如：竖向预制构件在灌浆料拌合物初凝后才发现灌浆不饱满，就需要将此竖向构件拆除，重新更换构件后再次进行灌浆作业；再如：接缝封堵质量不好，灌浆作业时严重漏浆导致灌浆失败，需要凿除所有封堵材料，并用高压水枪将接缝部位及套筒内冲洗干净后，再重新进行接缝封堵及灌浆。

5. 成品保护不当导致的浪费

对安装后的预制构件等没有采取防护措施，或监护不到位，其他工序施工作业时，对构

件造成磕碰受损、表面污染等,增加了二次处理的人工、
材料及工器具费用。

14.3 降低成本减少浪费的措施

14.3.1 预制构件卸车吊运环节降低成本减少浪费
的措施

预制构件进入施工现场后,如果能在运输车上直接吊
装,可以大大提高施工效率,减少施工现场构件的存放场
地面积及存放费用、运输道路加固面积及费用,降低构件
多次吊运的费用及损坏风险,从而降低施工安装成本。

▲ 图 14-15 规定时间未用完的
灌浆料需要丢弃

日本装配式建筑的预制构件都是从运输车直接吊装,但目前我国装配式建筑采用的预制
构件种类多、体积小、数量多,预制剪力墙板等构件安装时间长,全部构件采取直接吊装有
一定难度,需综合考虑构件运输车辆占用成本、构件吊装的时间成本等因素。一般来讲运
输车上吊装用时较少的叠合楼板、楼梯或大规格墙板、柱、梁等预制构件,应尽可能从运输
车直接吊装。

14.3.2 预制构件存放环节降低成本减少浪费的措施

合理规划及布置施工现场的预制构件存放场地,在保证施工进度和计划的情况下,减少
施工现场构件的存放量可以降低存放环节成本,减少浪费。

1. 尽可能避免二次倒运

要根据各楼栋号塔式起重机的设置数量及荷载情况将预制构件存放区设置在起重机有效
作业范围内。预制构件进场后,具备在运输车上直接吊装的,直接进行吊装作业,不具备直
接吊装作业条件的,先吊至指定的存放区,一定要避免因场地布置或组织不当出现二次倒运
的现象。

2. 合理安排预制构件进场时间及数量

通过制定严密的预制构件进场计划,并与预制构件工厂进行有效协同,确保构件进场时
间和数量的经济性和合理性。一方面要避免构件进场过多,导致存放场地面积增加或占用
运输通道等而增加存放及防护成本;另一方面要避免构件进场不足,导致怠工、机械设备闲
置等,影响施工进度,增加成本。

3. 规范存放预制构件

按照规范和设计要求进行预制构件的存放,可以有效避免构件在现场存放过程中损坏,
从而避免修补费用的发生,以及构件损坏严重,只能做报废处理而导致的浪费。

14.3.3　预制构件吊装环节降低成本减少浪费的措施

科学组织施工，合理安排施工程序，可以有效提高吊装效率，降低吊装环节成本，减少浪费。

1. 编制科学的吊装方案

根据项目整体的预制装配情况，编制有针对性的吊装方案，吊装方案应对每个作业环节的时间有定量安排，计划好所用人员、设备、工具，并应充分考虑施工节奏和施工中可能遇到的问题，制定相应的预防措施，使吊装方案能够起到科学指导吊装、避免发生风险、有效解决吊装问题的作用，提升施工效率，降低安装成本。

2. 合理安排作业程序

这里的作业程序指两方面，一方面是吊装内部作业程序，另一方面是与吊装有关的其他作业程序。协调安排好这两方面程序就会大大提升作业效率。

（1）吊装内部作业程序安排　根据吊装班组内部人员各自的特长进行分工，各负其责，相互协作，确保在预定的吊装时间内完成吊装作业（图 14-16）。

（2）与吊装有关的其他作业工序安排钢筋绑扎、模板支护、内部脚手架搭设等与吊装有关的工序作业时，要详细规定每一道

▲ 图 14-16　预制柱吊装

工序的进场时间、作业时间及退场时间等，在保证施工质量、施工安全的前提下，合理安排各作业程序，形成流水施工、穿插作业，提升作业效率，降低成本。

14.3.4　灌浆作业环节降低成本减少浪费的措施

强化灌浆料采购、保管及使用方面的管理，严格按照操作规程进行灌浆各工序的作业，保证灌浆质量，可以降低灌浆环节的成本。

1. 合理确定灌浆料采购量

根据现场灌浆作业量、人员配置情况及灌浆料的保质期等，确定灌浆料合理的采购量。一次采购量过少，导致采购频繁，远途货源有可能出现断货等料的情况，还会增加运输成本；一次采购量过多，不仅会增加存放和防护费用，如果保质期内使用不完，还会造成灌浆料过期。座浆料也是同样道理。

2. 注重接缝封堵及分仓质量

接缝封堵及分仓质量的好坏是保证灌浆作业顺利进行，以及保证灌浆饱满度的前提。要严格按照设计或规范规定进行接缝封堵（图 14-17）和分仓作业，避免因接缝封堵和分仓质量问题导致灌浆不饱满或灌浆失败，从而产生因需要重新灌浆及预制构件拆除而导致的成本增加。

3. 严格控制好灌浆料搅拌及使用

（1）要严格按照搅拌操作规程进行灌浆料的搅拌，精确计量加水量，保证灌浆料拌合物的初始流动度达到要求，避免搅拌质量不合格，浪费灌浆料。

（2）要依据当层需要灌浆的预制构件数量，合理准备和搅拌灌浆料。

（3）搅拌好的灌浆料必须在 30min 内使用完毕，防止初凝后无法使用造成浪费。

4. 规范进行灌浆作业

严格按照操作规程进行灌浆作业，保证灌浆饱满度。灌浆完成后，要及时进行灌浆饱满度检查，对不达标的灌浆套筒要及时进行补灌。避免因灌浆不饱满而产生不菲的后续检测及处理费用。

▲ 图 14-17　预制墙板接缝封堵

14.3.5　支撑体系搭设环节降低成本减少浪费的措施

按照装配式建筑的特点选择并搭设支撑体系，可以节省支撑体系成本，减少浪费。

1. 选择适宜的支撑体系

传统脚手架不但搭设麻烦，消耗数量也大。例如叠合楼板支撑体系，采用满堂红脚手架（图14-18），需要设置立杆、两道横杆、一道"扫地杆"；而采用独立支撑体系（图14-19），只需要立杆和三脚架。支撑体系材料用量可减少 60%，大量节约租赁成本和运输成本。同时，由于独立支撑体系架设工作量比满堂红脚手架少很多，且易于操作，搭设时间可减少80%，可以节约大量的人工费用和时间成本。

▲ 图 14-18　叠合板采用满堂红支撑体系

▲ 图 14-19　叠合楼板采用独立支撑体系

2. 合理配置支撑体系数量

按照合理的施工节奏，竖向预制构件斜支撑体系配置 1~2 层用量即可满足施工周转要求；水平预制构件支撑体系配置数量应根据施工进度计划定量计算，合理经济的配置量不仅节约材料成本，也会缩短向上层转运的作业时间，提高作业效率，节约人工及时间成本。

14.3.6　外墙打胶环节降低成本减少浪费的措施

选择性价比高的密封胶材料，严格管控打胶作业质量，提高打胶作业效率，可以压缩打胶环节的成本。

在选择外墙密封胶时，在符合设计要求和适用于水泥基材料的前提下，不宜只盯着进口产品，虽然品质有保证，但成本会增加很多；当然也不是越便宜越好，一些价格低的密封胶品质差，施工后很快就会暴露出质量问题，后期处理需要大量的人力、物力，得不偿失；所以，要选择品质有保证、价格适宜、性价比高的产品，既能保证质量，又可压缩成本。常用建筑密封胶的性能见表 12-3。

14.3.7　流水施工穿插作业环节降低成本减少浪费的措施

流水施工、穿插作业有效和顺利实施，可以缩短工期，降低成本，减少浪费。

1. 制定并实施流水施工穿插作业计划

根据项目总体施工计划，制定主体结构、设备管线、内装系统各自的流水作业计划，并制定上述各系统穿插作业计划及系统内部的流水施工和穿插作业计划。科学、周密的施工计划是保证流水施工、穿插作业的前提和保障。

2. 建立良好的协调沟通机制

施工单位的工种及班组应齐全，各工种及班组应利用微信平台建立良好的协调与沟通机制，如果有些工序如预制构件安装、灌浆分包给其他单位，施工单位有责任做好分包单位与其他班组的协同。只有各工种和班组进行了有效的协同，流水施工及穿插作业才能得以有效实施。

3. 保证流水施工穿插作业质量

由于参与流水施工及穿插作业的班组及作业人员较多，相互影响的因素也增加，容易出现质量偏差、质量隐患等质量问题。流水施工及穿插作业的各环节、各工序、各班组要认真组织，精心作业，保证施工质量，施工单位要加强质量检查和监管，只有保证各自的施工质量才可以保证流水施工及穿插作业的顺利实施。

14.3.8　安装材料的使用环节降低成本减少浪费的措施

合理确定吊装用具、支撑体系部品部件、工器具、各种耗材（如螺栓、垫片）的采购（或租赁）时间和数量，规范材料的使用，可以降低材料消耗和成本。

1. 确定合理的安装材料采购和调配数量

根据项目的施工进度和节奏，有计划地进行安装材料的采购和调配，既要保证各种材料及时进场，不影响施工，又要避免过度采购和租赁，以及进场过早，以达到降低储存和资金占用成本的目的。

2. 材料存放要规范合理

进场材料要按消耗性材料、周转材料、工机具、贵重材料等进行分类存放。大宗消耗性材料应存放在作业区域附近；易受潮、易锈蚀的材料存放时应采取防潮、防锈蚀措施；工机具和贵重材料应存放在安全场所，并制订必要的防盗保管措施；对有质保期要求的材料，应避免存放时间过长，防止过期失效。

3. 材料领用应规范

要建立规范的安装材料领用登记制度，并设专人管理，按定额领用；周转材料要明确领用责任人、归还日期等，防止损坏或丢失后无据可查，造成损失和浪费。

4. 合理安排周转材料进退场时间

周转材料要根据单体建筑及整个项目的施工计划，合理、有序、分批次进场，并提前规划退场节点，按时有序退场。

5. 建立项目之间安装材料调转机制

多个临近项目同时或交叉作业时，周转材料可以在各项目之间进行合理调转，增加使用频次和利用效率，减少采购或租赁量。

14.3.9 质量保证环节降低成本减少浪费的措施

保证施工质量，避免或减少返工是降低成本、减少浪费的有效途径。

1. 建立完善的质量管理体系

建立完善的质量管理体系，特别是预制构件进场验收、装卸存放作业、吊装作业和灌浆作业的质量保证体系，组建责任心强、装配式建筑技术能力过硬的质量管理团队，有利于质量管理的有效实施。

2. 强化技能和质量培训

加强施工人员的技能和质量培训，提升吊装、支模、灌浆环节有关人员的专业技能和质量意识。具有质量意识是保证质量的前提，提高技能是保证质量的手段和措施。

3. 做好质量控制和检查

做好诸如吊装、灌浆等关键环节的质量检查和验收，避免返工及质量缺陷。

14.3.10 成品保护环节降低成本减少浪费的措施

对成品进行有效的防护，防止因成品保护不到位导致的预制构件修补、返厂或报废等，最大限度节省这些不必要的成本支出。

1. 做好预制构件存放环节的成品保护

预制构件现场存放时应对预埋窗框、外露钢筋（图 14-20）、外露金属预埋件、连接套筒、浆锚孔、预留孔洞进行相应的防护；构件采用立式存放时，薄弱构件、构件的薄弱部位和门窗洞口应采取防止变形开裂的临时加固措施，防止构件损坏；构件与垫木线

▲ 图 14-20　对伸出钢筋端头预制螺纹进行保护

接触或锐角接触时，要在垫木上方放置泡沫等松软材质的隔垫（图 14-21），避免构件边角损坏，产生修补成本。

2. 做好预制构件吊装环节的成品保护

严格按照吊装方案进行吊装，吊装前要对吊具、吊索、索具等进行全面检查，吊装全过程要有专人指挥，信号工、起重工、起重机司机、安装工要密切配合，防止预制构件磕碰、掉落等事故的发生。

3. 做好预制构件安装后的成品保护

预制构件安装后的各施工工序，包括灌浆、后浇混凝土、安装缝打胶、设备管线施工、内装修等工序作业时要树立对预制构件的成品保护意识，采取有效的成品

▲ 图 14-21　垫木上放置泡沫等松软材质的隔垫

保护措施，防止预制构件等受到污染或损坏。清水混凝土或带外装饰材料的预制构件表面要防止灌浆、打胶等造成污损；灌浆强度没有达到要求的预制构件严禁受到扰动；后浇混凝土的支模、钢筋绑扎等作业要避免磕碰损坏预制构件；设备管线和内装作业严禁私自在预制构件上开槽、打洞等。

14.3.11　安全防范环节降低成本减少浪费的措施

加强安全管理，确保不发生安全事故，避免无谓的安全成本支出。

1. 加强安全培训和交底

通过有效的安全培训和安全交底特别是预制构件卸车、吊运安装、支撑支模、灌浆等环节的培训与交底，可以增强施工人员的安全防范意识和安全作业观念，避免安全事故的发生。

2. 做好安全管控与检查

施工过程中要做好安全管控，定期进行安全检查，并根据装配式项目特点，查找危险源并制定相应的预防措施，降低安全事故发生的概率和风险。检查重点是起重机、吊具、吊索、支撑设置、施工电源等。

14.4　减少窝工的措施

1. 优化施工计划，合理配置人员

（1）结合项目总施工计划，定期对施工计划进行优化，对出现过的影响施工进度和质量的问题制订整改措施。通过对施工计划的优化，保证施工计划对施工的指导作用，减少窝工现象的出现。

（2）依据项目体量，包括项目的建筑数量、总建筑面积等，合理配置施工作业人员数

量，既要避免人员过剩导致的窝工，又要避免人员不足导致的工期拖延。还可以通过流水施工、穿插作业，在各栋建筑之间灵活调配作业人员，提升效率的同时减少作业人员数量。

2. 强化上游协同，部件及时进场

（1）做好与预制构件等部品部件工厂的早期协同，提前解决施工环节难点问题，为项目顺利实施奠定基础。

（2）编制详细的预制构件等部品部件安装计划，提前发给部品部件工厂。工厂按安装计划编制生产计划。安装计划包括预制构件等部品部件品种、数量、安装顺序等，工厂应提前备货。

（3）安装前一天给工厂发出需要安装的预制构件等部品部件具体到货时间的指令，有必要时应安排人员到工厂对备货的数量和质量进行监督检查。到货时间要充分考虑运输途中堵车、交通管制等突发状况的影响。

（4）工厂调度、运输车辆司机、项目现场调度要建立顺畅的联系方式和渠道，保证信息及时送达。

3. 施工准备充分，提高作业效率

施工前做好各项准备工作，可以保证施工作业的顺利开展，避免施工过程的忙乱。准备工作包括但不限于以下各项。

（1）技术准备　各项作业规程、检验规程、安全规程、技术方案的编制，图纸及资料的准备，对作业人员进行技术培训和交底等。

（2）人员准备　按施工计划各施工环节，各作业班组及时、足额地配备好相关作业人员。同时负责项目管理、技术、质量检查人员也要及时到位。

（3）设备及工具准备　做好吊装设备及工具、灌浆设备工具、钢筋加工设备及工具、混凝土浇筑设备及工具、安装缝处理设备及工具等的准备。

（4）材料准备　做好钢筋材料、混凝土材料、安装材料、灌浆材料、密封打胶材料等材料的准备。

（5）设施准备　做好存放设施、支撑体系、安全防护设施、电源、水源的准备。

4. 设备利用充分，杜绝无效作业

（1）根据施工节奏，合理安排塔式起重机等起重设备的吊装作业，吊装材料时，要分清轻重缓急，先施工工序材料优于后施工工序材料，零散材料、辅助材料抽空吊装等。

（2）无指定的吊装作业任务时，可以将主材及周转材料吊装到规划区域存放，便于后续作业。

（3）有吊装作业任务时，按吊装作业计划进行吊装，尤其是竖向预制构件灌浆作业时，吊装作业必须以吊装构件为主，且保证连续作业。当吊装间歇期或吊装完成后，进行其他材料的补充和吊装。

（4）在吊装作业时，遇到不可抗拒或其他因素影响吊装吊运时，要及时制定补救措施，将起重设备停运耽误的作业内容尽快补救回来。

5. 规划流水作业，班组无缝衔接

（1）单栋建筑施工时，各环节、各工序要形成紧凑的流水施工、穿插作业，减少施工空档，提升作业效率。

（2）多个建筑同时作业时，合理安排施工节奏，形成同工种各建筑间有序的流水作业，减少作业人员，避免窝工现象。

（3）因特殊情况打乱施工工序，要制订补救措施，使其尽快重新形成有效的流水作业。

（4）提前通知甲方与监理进行隐蔽工程验收和须旁站监督的项目的作业时间。

6. 加强工人培训，提升作业技能

（1）定期对工人进行技能培训　由于我国装配式建筑发展较快，具有一定技能的施工人员数量远远满足不了要求，加强施工人员的培训，提高施工人员的技能，是提高施工效率和质量的重要手段。培训前要制订详细的培训计划，包括培训主讲人、培训目的、培训内容、考核方式等。培训要以实际案例为主，以理论知识为辅，采取灵活多样的方式，如现场讲座、实际操作培训、微信群互动等，以保证获得良好的培训效果。

（2）组织施工人员参观学习　项目管理者应学习其他项目好的作业经验，并结合正在实施的项目的具体情况，向施工人员进行培训，使工人了解掌握这些好的经验并运用到实际作业中。必要时，可以带领施工人员到一些样板项目参观学习，学习施工作业过程管控、质量管理、安全作业、成本控制等方面的经验，提升施工人员的基本素质和技能。

14.5　提高起重设备利用率的措施

1. 合理布置起重设备

在施工组织设计选用塔式起重机型号时，要充分考虑吊装范围、预制构件重量、其他材料荷载、设置位置等因素。为合理减少塔式起重机租赁等费用，根据各栋建筑间距离、单栋建筑体量、使用周期等，塔式起重机配置时可以单栋单吊，也可以多栋单吊或单栋多吊。

起重设备不是设置得越少越好，在保证起重设备使用效率的同时，还要保证施工节奏。因起重设备设置得数量不够，虽然起重效率保证了，也节省了起重设备的租赁等成本，但可能会造成施工人员大量窝工、施工进度迟缓、工期延长、成本增高等更多问题的出现。所以，要根据现场实际情况合理布置起重设备的数量。

2. 合理进行吊装作业的安排

合理布置预制构件及其他材料存放区域，做到就近存放、就近吊装；需要吊装的材料要提前做好相关准备工作；吊装作业应遵循急需材料先吊装，非急需材料抽空吊装的原则；需要转运的材料，应在主项吊装作业完成后进行，并规划好转运路线，防止盲目作业增加转运时间，浪费功效；无吊装任务时，起重设备应避免不必要的空车运行，减少浪费。

3. 定期检修，减少不必要的作业停止

制订塔式起重机的检修保养制度，保证塔式起重机的正常运行和施工的顺利进行。制度中应明确检修保养周期、检修保养时长、检修保养时间段等。检修保养时间应安排在塔式起重机作业空闲期，避开作业高峰时间，减少因检修保养对施工的影响。

通过检修和保养，降低设备出现故障的概率，不但可以延长设备使用周期，还能保证设备运转效率，满足施工节奏要求。

4. 合理规划起重设备进场及拆除时间，降低设备成本

应提前编制塔式起重机进场计划与安装方案，确定塔式起重机进场安装时间。安装前，需做好相应的准备工作，包括运输车辆进场通道、指挥及安装人员、安装辅助材料等，确保塔式起重机进场安装顺利。

根据吊装作业高度、其他塔式起重机作业影响、施工空闲时间等，合理安排塔式起重机升节时间、升节节数，减小升节作业对施工的影响。

塔式起重机吊装任务作业即将结束时，应提前制定拆除和退场计划，并根据计划做好相应的准备工作，包括拆除作业区域、退场运输路线、避免对其他施工作业影响的办法等，便于塔式起重机拆除和退场作业顺利完成，节省塔式起重机租赁使用成本，避免或减小对施工作业的影响。

第 15 章
常见安全问题与预防措施

本章提要

　　对装配式混凝土建筑施工安全事故进行了举例分析，并梳理汇总了施工中常见的安全问题，列出了安装施工主要安全设施，给出了相关环节的防护措施和避免违章作业的措施。

15.1　施工安全事故举例

1. 吊装用具选取或使用不当

图 15-1 是钢丝绳（吊索）选用不当的案例。

▲ 图 15-1　钢丝绳选用不当

　　预制构件安装时，使用两根长短不一的钢丝绳，由于构件上带有窗口及门口，导致钢丝绳受力不均匀，构件吊装过程中，容易出现滑勾，致使钢丝绳断裂，发生安全事故。

2. 运输时车辆侧翻

图 15-2 是预制构件运输车侧翻的案例。

　　立式运输的预制墙板重心较高，稳定性较差，运输车转弯过急，速度过快，封车固定也不牢靠，导致运输车转弯过程中，墙板移位、倾倒，造成车辆侧翻。

▲ 图 15-2　预制构件运输车辆侧翻实例

3. 预制构件坠落

图 15-3 是预制构件坠落的案例。

预制构件安装时，可能因构件吊点、构件强度、塔式起重机选型、支撑拆卸等问题导致构件坠落，发生严重的安全事故。

▲ 图 15-3 预制构件坠落实例

15.2 常见安全问题汇总

表 15-1 是装配式混凝土建筑施工各环节常见安全问题及可能造成的危害汇总表，仅供读者参考，项目实施时，可根据项目具体情况对表中内容进行完善。

表 15-1 装配式混凝土建筑施工各环节常见安全问题及危害

问题环节	问题描述	危害
预制构件卸车环节	信号工指挥能力差，塔式起重机司机与信号工配合不默契	吊装的预制构件易出现磕碰，导致重大安全事故
	运输车上构件与构件之间间距过小，构件伸出钢筋相互交叉	构件与构件易刮碰，造成构件损坏，严重情况下会造成构件倾倒，发生安全事故
	多块竖向构件水平存放	由于受力不均易造成构件断裂；起吊时水平方向摆动较大，易出现碰撞现象
	异型构件挂钩时，作业人员挂钩失误	构件起吊时不平衡，就位时易造成先落地的部位损坏
	挂钩后作业人员在小空间手扶构件起吊	起吊时构件摆动易挤到作业人员，造成人身伤害
	构件运输车停靠位置与塔式起重机距离较远，仅理论上可以起吊	遇上特殊天气无法起吊或起吊之后塔式起重机小车不能进退，无法落下，严重情况下会发生滑钩等安全事故
	吊具、钢丝绳等选型过小，施工前未对吊点、吊具进行检查（图 15-4）	起吊时易发生吊具或钢丝绳断裂的情况，造成安全事故
预制构件存放环节	竖向构件存放架间距过小	构件下落或吊起时易与相邻构件发生碰撞，导致构件倒塌
	竖向构件存放场地不平	构件存放时易出现倾倒现象
	竖向构件存放架尺寸过高或过低	构件存放不稳，易出现倾倒现象
	侧面有伸出钢筋的构件存放间距过小	伸出钢筋容易刮伤作业人员，起吊时伸出钢筋容易与其他构件刮碰
	竖向构件摆放倾斜，存放架与地面未固定牢靠	容易发生构件及存放架倒塌现象

（续）

问题环节	问题描述	危　害
预制构件安装环节	构件起吊前未悬挂牵引绳	构件在空中晃动，无法控制，易造成危险
	构件安装时，预留钢筋与现场柱筋或梁筋位置冲突	安装时需要处理钢筋，容易造成作业人员手部受伤
	竖向构件安装的施工空间过小	易造成作业人员受伤
	构件安装时楼面混凝土强度较低	易造成斜支撑预埋件拉裂楼板甚至拉出，使构件倾倒，造成严重事故
	反坎部位的混凝土强度不达标	在反坎上落墙板时易把反坎压裂甚至压碎，致使墙板滑落倾倒
	在铝模板上安装叠合板时，铝模板上涂满脱模剂	作业人员如在铝模上行走作业，易滑倒，造成人身伤害
	斜支撑的管壁过薄，拉钩强度不够	容易拉断拉钩，造成重大事故
	双钩斜支撑两端伸出长度过长	斜支撑容易脱扣断开，导致安全事故
	安全防护措施不到位	容易发生安全事故
灌浆环节	灌浆机漏电	易造成触电事故
	受力构件未灌浆，就拆除了构件支撑	存在严重的安全隐患
	隔层灌浆，甚至隔多层灌浆	存在严重的安全隐患
	灌浆料未按要求的水灰比搅拌	影响灌浆料强度，从而影响结构受力性能
	灌浆料使用时间超过了其保质期	灌浆质量不合格，影响结构受力性能及防水效果
	灌浆不饱满	影响钢筋连接效果，进而影响结构受力性能
支撑体系及外架搭设环节	独立支撑体系立杆间距过大	每个立杆受力不均，易压弯
	独立支撑体系水平杆过少	影响整体受力性能
	独立支撑体系立杆底部未放置垫板	钢管易发生变形
	阳台、空调板底部顶托自由端过长	阳台、空调板安装时稳定性差、易掉落
	外架与竖向构件间距过小	影响竖向构件安装，安装时易发生碰撞
	外架高度低于楼面	存在严重的安全隐患，须禁止施工

▲ 图 15-4　预制构件吊钉周围混凝土开裂

15.3　安装施工主要的安全设施

1. 救生索（生命线）

用于叠合楼板（或安全带无处挂设的作业场合）吊装时，操作人员挂设安全带的钢丝绳；生命线钢丝绳应选用直径 12mm 的软钢丝绳（图 15-5）。

2. 防坠器

用于高空作业时，高挂低用的防坠落设施；防坠器应根据作业高度及半径合理选用（图 15-6）。

▲ 图 15-5　用于悬挂安全带的设施　　　　▲ 图 15-6　防坠器

3. 外防护架

装配式建筑中常用的外墙脚手架有两种，一种是整体爬升脚手架（图 15-7），一种是附墙式外挂脚手架（图 15-8）。

▲ 图 15-7　整体爬升脚手架　　　　▲ 图 15-8　附墙式外挂脚手架

4. 安全绳与自锁器

在狭窄空间与较高筒体内安装构件时采用的安全绳与自锁器组合的设施（图 15-9 和图 15-10）。

▲ 图 15-9　安全绳与自锁器

▲ 图 15-10　自锁器

5. 楼梯临时安全防护栏

由于预制楼梯安装后马上就可以使用，为了防止意外，楼梯安装后应随即在楼梯边上安装安全防护栏（图 15-11）。

6. 临边防护设施

为了防止登高作业事故和临边作业事故的发生，应在临边搭设定型化工具式防护栏杆（图 15-12）。

▲ 图 15-11　楼梯安全防护栏

▲ 图 15-12　临边防护设施

7. 安全通道

施工现场需要在施工区域内设置必要的安全通道，防止高空坠物造成人身伤害（图 15-13）。

▲ 图 15-13 安全通道

15.4 预制构件吊装安全防护措施

1. 选择可靠适用的吊装用具

（1）根据预制构件的形状、尺寸、重量等选择安全适用的吊装用具，包括吊具、吊索和索具。

（2）吊装前对吊装用具的适用性和完好状况进行检查。

（3）梁式吊具、平面架式吊具要由设计人员进行专项设计。

2. 临边作业防护

预制构件吊装作业，尤其是建筑四周构件的吊装作业，存在施工人员高空临边坠落的风险。对于装配式框架结构施工而言，由于没有搭设外架，使得高处作业及临边作业的安全隐患尤为突出，施工人员进行外挂墙板吊装时，安全绳索常常因为没有着力点而无法系牢，更增大了高空坠落的可能性。

为了防止登高作业事故和临边作业事故的发生，可在临边搭设定型化工具式防护栏杆（图15-12）；也可采用外挂脚手架，其架体由三角形钢牛腿、水平操作钢平台及立面防护钢网组成（图15-14）。

▲ 图 15-14 外挂架防护体系

3. 高空作业防护

预制构件吊装作业时,攀登作业所使用的设施和用具,其结构构造应牢固可靠。使用梯子必须注意,单梯不得垫高使用,不得双人同时在梯子上作业,在通道处使用梯子时,应设置专人监控。安装外墙板使用梯子时,必须系好安全带,正确使用防坠器。

4. 重物坠落防护

重物坠落也是预制构件吊装作业比较常见的安全事故,一旦重物坠落,有可能对地面施工人员造成重大伤害,因此吊装作业区域内需设置安全通道等防护设施(图 15-13 和图 15-15)。

▲ 图 15-15　硬覆盖防护设施

5. 洞口防护

预制构件安装后,应使用钢板等硬质材料对预留洞口进行覆盖防护(图 15-16),以免现场人员掉落。

▲ 图 15-16　洞口防护

15.5   预制构件卸车与存放安全防护措施

1. 预制构件卸车安全防护措施

（1）预制构件卸车使用的吊装用具应满足要求。

（2）预制构件应对称吊卸，保证卸车过程中运输车车体保持平衡。

（3）信号工、塔式起重机司机、吊装工要服从指挥、密切配合。

（4）预制构件起吊时应保持平稳，避免刮碰其他构件或运输架及运输车车体。预制构件缓慢起吊，提升到 30~60cm 高，进行观察，如没有异常现象，保证吊索平衡，再继续吊起。

2. 预制构件存放安全防护措施

（1）预制构件存放场地地面基础必须夯实，地面可用不低于 C30 混凝土浇筑厚度不小于 300mm 或采用山皮石铺设厚度不小于 500mm。 存放场地应平整、不积水。

（2）预制构件存放区位于地库上面时，应按设计要求对地库顶板进行加固。

（3）预制构件应存放平稳（图 15-17 和图 15-18）。

（4）严禁采用未加任何侧向支撑的方式放置预制墙板等构件。

（5）预制构件存放区应用防护栏杆围上，并设置警示标牌，严禁无关人员进入。

▲ 图 15-17   预制剪力墙、楼梯存放　　　　▲ 图 15-18   叠合楼板存放

15.6   外挂架安全问题及防护

1. 钢管架

装配式建筑的外架很少使用传统的钢管脚手架，因为为了保证连接和架体的整体稳定

性，需要在预制构件上预留较多的孔洞，设计、制作非常麻烦。

如使用钢管脚手架，需要合理设计预留孔洞，施工时，严格按照预留孔洞位置进行搭设，保证其结构的稳定性、安全性。

2. 挂架

挂架是专用于装配式外墙的安全防护架，安全稳定可靠、安装方便。

使用挂架时应注意以下两点：

（1）连接要可靠，挂架的连接形式为机械连接，利用螺栓将挂架与结构墙连接在一起，应保证螺栓紧固到位。

（2）挂架防护栏不得低于 1.2m，且结构应符合设计和使用要求（图 15-19），不得使用简易的钢管搭设（图 15-20）。

▲ 图 15-19　标准外挂架

3. 电动爬架

电动爬架是近几年兴起的新架体，安全方便，封闭性好，可使用六层后再进行爬升（图 15-21）。

在使用电动爬架时，应与设计人员做好协同，将架体预埋件设计到预制构件制作图中，并保证其尺寸及材料等级符合要求，从而确保安全。

▲ 图 15-20　简易外挂架

15.7　避免违章作业措施

1. 编制施工安全管理规定

装配式建筑工程施工安全管理规定是施工现场安全管理制度的基础，应根据项目特点进行精心编制。每个装配式建筑工程项目在开工以前，以及每天班前会上都要进行安全交底和安全培训。

2. 现场常见的违章环节及禁止的行为

（1）当现浇层伸出钢筋长度达不到设计要求时，禁止安装竖向预制构件，同时禁止私自采用

▲ 图 15-21　电动爬架

焊接方式加长钢筋。

（2）如发现预埋管线、预埋件遗漏时，禁止擅自在预制构件上剔凿开孔，损坏构件。

（3）禁止施工人员未经同意擅自进行割筋或植筋作业，如果需要，必须经设计人员及监理人员的同意，并按设计方案进行施工，植筋前需用保护层测定仪检测植筋位置是否有钢筋干涉，如有需避开。

（4）灌浆料初凝前（达到构件自身强度前）禁止扰动灌浆构件。

（5）禁止将预制构件在未做任何保护的前提下，和硬质的混凝土地面直接接触。

（6）在外挂架体上严禁堆放周转材料。

（7）叠合板安装后禁止在其上面堆放过重的临时荷载。

（8）顶板混凝土强度未达到规定要求前，禁止拆除顶板支撑。

（9）预制构件吊装时所经区域，禁止人员停留及通行。

（10）严禁选择有毒、无检测报告、无合格证的涂料或保护剂，避免发生中毒现象。

3. 高空作业安全防范要点

（1）安装作业使用专用吊具、吊索等，施工使用的定型工具式支撑、支架等应进行安全验算，使用中随时进行检查，确保其安全可靠。

（2）预制构件吊装人员应穿安全鞋、佩戴安全帽和安全带。在构件吊装过程中有安全隐患或者安全检查事项不合格时应停止高空作业。

（3）吊装过程中摘除吊钩以及其他攀高作业应使用梯子，且梯子的制作质量与材质应符合规范或设计要求，确保安全。

（4）吊装过程中的悬空作业处，要设置防护栏杆或者其他临时可靠的防护措施。

4. 吊装作业安全防范要点

（1）预制构件起吊后，应先将预制构件提升30~60cm左右后，停稳构件，检查吊具、吊索和索具的状态，确认安全且构件平稳后，方可缓慢提升构件。

（2）塔式起重机吊装区域内，非作业人员严禁进入；吊运预制构件时，构件下方严禁站人，构件降落至距地面或作业面1m以内作业人员方可靠近。

（3）遇到雨、雪、雾天气，或者风力大于6级时，不得进行吊装作业。

（4）高空应通过揽风绳改变预制构件方向，严禁高空直接用手扶预制构件。

（5）吊装就位的预制构件，支撑体系没有固定牢靠前不得摘除吊钩。

第 16 章
工程验收常见问题与预防措施

本章提要

列出了装配式混凝土工程验收项目、质量验收档案清单和重要的试验项目；对工程验收常见问题、建档存档与交付环节常见问题、影像档案常见问题进行了分析汇总，并给出了预防问题的措施。

16.1　工程验收项目及其常见问题与预防措施

16.1.1　工程验收项目

《装配式混凝土建筑技术标准》（GB/T 51231—2016）对装配式混凝土建筑施工的质量验收项目、方法及标准做出了明确的规定，验收项目主要包括以下几项。

1. 预制构件验收的主控项目

（1）质量证明文件。

（2）结构性能检验。

（3）外观质量的严重缺陷。

（4）饰面砖、石材与混凝土的粘结性能。

2. 预制构件验收的一般项目

（1）外观质量的一般缺陷。

（2）粗糙面、键槽的外观质量和数量。

（3）饰面的外观质量。

（4）预留预埋规格型号、数量。

（5）尺寸偏差。

3. 预制构件安装与连接验收的主控项目

（1）预制构件临时固定措施。

（2）后浇混凝土强度。

（3）灌浆饱满度。

（4）灌浆料强度。

（5）接缝封堵座浆料强度。

（6）钢筋机械连接接头质量。

（7）钢筋焊接连接接头质量。

（8）型钢焊接连接接头质量。

（9）螺栓连接的螺栓材质、规格、拧紧力矩。

（10）装配式结构分项工程的外观质量。

（11）外墙板接缝的防水性能。

4. 预制构件安装与连接验收的一般项目

（1）装配式结构分项工程预制构件安装尺寸的允许偏差及检验方法（表 16-1）。

（2）饰面外观质量。

除以上验收项目外，还包括部品部件安装、设备与管线安装的质量验收相关项目。

表 16-1 预制构件安装尺寸的允许偏差及检验方法

项目			允许偏差/mm	检验方法
构件中心线 对轴线位置	基础		15	经纬仪及尺量
	竖向构件（柱、墙、桁架）		8	
	水平构件（梁、板）		5	
构件标高	梁、柱、墙、板底面或顶面		±5	水准仪或拉线、尺量
构件垂直度	柱、墙	≤6m	5	经纬仪或吊线、尺量
		>6m	10	
构件倾斜度	梁、桁架		5	经纬仪或吊线、尺量
相邻构件平整度	板端面		5	2m 靠尺和塞尺量测
	梁、板 底面	外露	3	
		不外露	5	
	柱、墙 侧面	外露	5	
		不外露	8	
构件搁置长度	梁、板		±10	尺量
支座、支垫中心位置	板、梁、柱、墙、桁架		10	尺量
墙板接缝	宽度		±5	尺量

16.1.2 工程验收常见问题

表 16-2 列出了装配式混凝土项目工程验收常见问题，并给出了预防措施，供读者参考。

表 16-2 装配式混凝土项目工程验收常见问题及预防措施

验收项目	存在问题	预防措施
预制构件验收的 主控项目	质量证明文件缺失	预制构件工厂应按照国家规范和当地规定备齐质量证明文件，包括出厂合格证、混凝土强度检验报告、钢筋套筒等其他构件钢筋连接类型的工艺检验报告，需要进行结构性能检验的预制构件，尚应提供有效的结构性能检验报告。预制构件交付时一并移交给施工单位

（续）

验收项目	存在问题	预防措施
预制构件验收的主控项目	对结构性能检验不了解或检验项目缺失	（1）对梁板类简支受弯预制构件应按规范要求进行结构性能检验 （2）对叠合梁构件是否进行结构性能检验及方式应根据设计要求确定
	外观质量严重缺陷检查不到位	（1）缺陷等级判断和相应处理措施可参照现行国家标准《混凝土结构工程施工质量验收规范》GB 50204 （2）对外观质量严重缺陷应全数检查，检测方法符合相关标准要求 （3）须形成检查处理记录
预制构件验收的一般项目	外观检查不细或检查后没有进行处理	（1）对外观质量一般缺陷应全数检查，检测方法符合相关标准要求 （2）出现的一般缺陷应要求预制构件生产单位按技术处理方案进行处理 （3）须形成检查处理记录
	粗糙面、键槽检查遗漏或不细	（1）对粗糙面（图 16-1）、键槽（图 16-2）应全数检查 （2）粗糙面、键槽外观质量和数量应符合设计要求
	预留预埋检查遗漏	（1）应对预制构件上的预埋件（图 16-3）、预留插筋、预留孔洞、预埋管线等规格型号、数量按批检查 （2）检查产品合格证
	尺寸检查缺项	（1）进场预制构件应按照规范要求的抽检数量进行检验 （2）检验项目及方法应符合规范要求
预制构件安装与连接验收的主控项目	临时固定措施检查不到位	（1）对临时固定措施应全数检查 （2）临时固定措施应符合设计、专项施工方案要求及国家现行有关标准规定
	后浇混凝土强度检查遗漏或不细	（1）后浇混凝土强度应按批检查 （2）应符合《混凝土强度检验评定标准》（GB/T 50107—2010）的有关规定
	后浇混凝土隐蔽工程验收记录未做或后补	按相关规范做好后浇混凝土隐蔽工程验收，并及时做好验收记录
	灌浆饱满度检查遗漏或不细	（1）灌浆饱满度应全数检查 （2）做好旁站监理和视频记录
	灌浆料、座浆料强度检查不到位	应按要求制作抗压强度试件，并进行抗压强度试验
	外墙板接缝的防水性能检查遗漏	（1）按规范要求的检验批进行检查 （2）进行淋水试验，并形成试验报告
预制构件安装与连接验收的一般项目	装配式结构分项工程的施工尺寸偏差检查不到位	（1）按规范要求的检验批进行检查 （2）施工尺寸偏差及检验方法应符合设计要求及规范规定

▲ 图 16-1　叠合楼板侧边的粗糙面

▲ 图 16-2　预制柱底部键槽

16.2　工程质量验收档案清单

　　《混凝土结构工程施工质量验收规范》（GB 50204—2015）规定，混凝土结构子分部工程施工质量验收时，应提供下列文件和记录：

▲ 图 16-3　外挂墙板预埋件

　　（1）设计变更文件。

　　（2）原材料质量证明文件和抽样检验报告。

　　（3）预拌混凝土的质量证明文件。

　　（4）混凝土、灌浆料试件的性能检验报告。

　　（5）钢筋接头的试验报告。

　　（6）预制构件的质量证明文件和安装验收记录。

　　（7）预应力筋用锚具、连接器的质量证明文件和抽样检验报告。

　　（8）预应力筋安装、张拉的检验记录。

　　（9）钢筋套筒灌浆连接及预应力孔道灌浆记录。

　　（10）隐蔽工程验收记录。

　　（11）混凝土工程施工记录。

　　（12）混凝土试件的试验报告。

　　（13）分项工程验收记录。

　　（14）结构实体验收记录。

　　（15）工程的重大质量问题的处理方案和验收记录。

　　（16）其他必要的文件和记录。

《装配式混凝土建筑技术标准》（GB/T 51231—2016）和《装配式混凝土结构技术规程》（JGJ 1—2014）都规定，混凝土结构子分部工程验收时，除了提供上述文件和记录外，还应提供下列文件和记录：

（1）工程设计文件、预制构件安装施工图和加工制作详图。

（2）预制构件、主要材料及配件的质量证明文件、进场验收记录、抽样复验报告。

（3）预制构件安装施工记录。

（4）钢筋套筒灌浆型式检验报告、工艺检验报告和施工检验记录，浆锚搭接连接的施工检验记录。

（5）后浇混凝土部位的隐蔽工程检查验收文件。

（6）后浇混凝土、灌浆料、座浆材料强度检测报告。

（7）外墙防水施工质量检验记录。

（8）装配式结构分项工程质量验收文件。

（9）装配式工程的重大质量问题的处理方案和验收记录。

（10）装配式工程的其他文件和记录。

16.3　建档、存档与交付环节常见问题与预防措施

1. 建档、存档与交付环节常见问题

装配式建筑的档案与现浇建筑不同，除了在施工现场形成的一些档案外，预制构件等部品部件工厂也要形成一部分档案，现场施工档案也发生了一些变化，目前建档、存档和交付环节都存在一些问题，包括：

（1）缺少专职档案管理人员，尤其是预制构件等部品部件工厂。

（2）对装配式混凝土建筑建档、归档内容了解不全面，档案缺项，如一些检测档案、影像档案缺失。

（3）应现场形成的档案，事后补做，如一些隐蔽工程验收项目档案。

（4）档案不符合交付要求，如缺少监理签字等。

（5）档案未及时交付或未执行规定的交付流程。

2. 建档、存档与交付环节常见问题的预防措施

为避免出现建档资料缺项、建档资料错误、建档不及时等问题，保证归档资料的准确、齐全、规范，应采取以下预防措施：

（1）项目建设初期，制定建档、归档与交付管理制度和工作流程，明确各参建单位应承担的职责。

（2）建立专门的建档资料检查表，将所有建档时需要的资料清单分类列出，定期按照检查表逐一检查，逐一落实，防止遗漏。

（3）施工单位及预制构件等重要部品部件工厂应配备专门的有经验的档案管理人员，档案管理人员应经过培训，熟悉装配式项目档案的建档、归档和交付流程。

（4）档案资料应真实地反映工程建设全过程，应随工程建设进度同步形成，达到真实、完整、准确，不得事后补编。

（5）预制构件等部品部件工厂和施工现场都应设置档案保管场所，建档后、交付前，应将已建档资料妥善存放在档案保管场所，避免遗失、损毁。

（6）预制构件等部品部件工厂与总承包或施工单位沟通确定建档及交付时间表，该表应以第一批交货时间为基础，向前倒推何时开始生产预制构件、何时开始收集或委托各种资料。向后按照交货顺序，根据建档要求及时交付建档资料。交付的资料要装订，避免散落、遗漏。交付的资料要一式两份，交付给总承包单位或施工单位一份，工厂留存一份。

（7）每个项目应编制一套与纸质档案相符的电子档案。

（8）工程竣工后，总承包单位或施工单位应及时将档案资料交付给建设单位。

16.4 重要的试验项目

为了确保装配式混凝土工程质量，按照规范要求，以下重要的试验项目须按照规范要求及时进行。

1. 灌浆料抗压强度试验

（1）灌浆料进场后应按照《钢筋连接用套筒灌浆料》（JG/T 408—2013）和相关标准对灌浆料抗压强度进行进场复试，合格后方可用于工程施工。

（2）《装配式混凝土建筑技术标准》（GB/T 51231—2016）中 11.3.4 规定，钢筋套筒灌浆连接及浆锚搭接连接用的灌浆料（图 16-4）强度应符合国家现行有关标准的规定和设计要求。

1）检查数量：按批检验，以每层为一检验批；每工作班应制作 1 组且每层不应少于 3 组 40mm×40mm×160mm 的长方体试件（图 16-5），标准养护（图 16-6）28d 后进行抗压强度试验。

▲ 图 16-4 灌浆料在封闭区域存放

2）检验方法：检查灌浆料强度试验报告及评定记录。

2. 混凝土抗压强度试验

《装配式混凝土建筑技术标准》（GB/T 51231—2016）中 9.7.11 和 11.3.2 规定，混凝土强度应符合《混凝土强度检验评定标准》（GB/T 50107—2010）的有关规定：

（1）混凝土检验试件应在浇筑地点取样制作。

（2）每拌制 100 盘且不超过 100m³ 的同一配合比混凝土，每工作班拌制的同一配合比的

▲ 图 16-5　试件制作

▲ 图 16-6　标准养护

混凝土不足 100 盘为一批。

（3）每批制作强度检验试件不少于 3 组、随机抽取 1 组进行同条件标准养护后进行抗压强度检验。

3. 灌浆套筒连接接头抗拉强度试验

《装配式混凝土建筑技术标准》（GB/T 51231—2016）中唯一的一条强制性条文就是对钢筋灌浆套筒连接接头必须进行抗拉强度试验，该试验应在预制构件生产前在预制构件工厂完成，工地是否需要验证，根据具体实际情况确定。进行灌浆套筒连接接头抗拉强度试验时，应特别注意以下三个步骤。

（1）原材料检查　检查进厂的套筒接头型式检验报告，外观检测报告和灌浆料的材料性能检测报告，套筒与灌浆料应匹配。

（2）连接接头试件制作

1）按灌浆料说明书要求称量灌浆料和水，并按要求进行搅拌。

2）灌浆套筒连接接头试件水平放置，且灌浆孔、出浆孔朝上（图 16-7），使用手动灌浆器或者灌浆机从灌浆孔进行灌浆，当灌浆孔、出浆孔的灌浆料拌合物

▲ 图 16-7　灌浆套筒连接接头试件（灌浆前）

▲ 图 16-8　灌浆套筒连接接头试件（灌浆后）

均高于灌浆套筒外表面最高点时停止灌浆，并及时封堵灌浆孔、出浆孔。封堵 30s 后，打开封堵塞检查是否灌满（图 16-8），一经发现灌浆料拌合物回落，应及时补灌。

（3）抗拉强度试验

抗拉强度试验结果应符合现行行业标准《钢筋套筒灌浆连接应用技术规程》JGJ 355 的

有关规定。

1）同一批号、同一类型、同一规格的灌浆套筒，不超过 1000 个为一批，每批随机抽取 3 个制作对中连接接头试件。

2）不同钢筋生产企业的进场钢筋均应进行接头抗拉强度试验（图 16-9），当更换钢筋生产企业，或同一生产企业生产的钢筋外形尺寸与已完成工艺检验的钢筋有较大差异时，应再次进行抗拉强度试验。

3）抗拉强度试验方法应按相关标准执行。

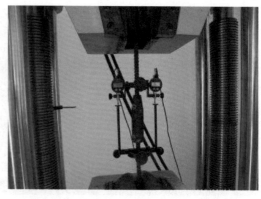

▲ 图 16-9　灌浆套筒连接接头拉拔试验

4. 预制构件结构性能检验

《装配式混凝土建筑技术标准》（GB/T 51231—2016）中第 11.2.2 条规定，专业企业生产的预制构件进场时，预制构件结构性能检验应符合下列规定。

（1）梁板类简支受弯预制构件进场时应进行结构性能检验（图 16-10），并应符合下列规定：

1）结构性能检验应符合国家现行有关标准的有关规定及设计的要求，检验要求和试验方法应符合现行国家标准《混凝土结构工程施工质量验收规范》GB 50204 的有关规定。

2）钢筋混凝土构件和允许出现裂缝的预应力混凝土构件应进行承载力、挠度和裂缝宽度检验；不允许出现裂缝的预应力混凝土构件应进行承载力、挠度和抗裂检验。

3）对大型构件及有可靠应用经验的构件，可只进行裂缝宽度、抗裂和挠度检验。

4）对使用数量较少的构件，当能提供可靠依据时，可不进行结构性能检验。

5）对多个工程共同使用的同类型预制构件，结构性能检验可共同委托，其结果对多个工程共同有效。

（2）对于不可单独使用的叠合板预制底板，可不进行结构性能检验。对叠合梁构件，是否进行结构性能检验、结构性能检验的方式应根据设计要求确定。

（3）对上述之外的其他预制构件，除设计有专门要求外，进场时可不做结构性能检验。

（4）对上述条款规定的不做结构性能检验的预制构件，应采取下列措施：

1）施工单位或监理单位代表应驻厂监督生产过程。

2）当无驻厂监督时，预制构件进场时应对其主要受力钢筋数量、规格、间距、保护层厚度及混凝土强度等进行实体检验。

检验数量：同一类型预制构件不超过 1000 个为一批，每批随机抽取 1 个构件进行结构性能检验。

检验方法：检查结构性能检验报告或实体检验报告。

▲ 图 16-10　预制楼梯结构性能检验

16.5　影像档案常见问题与预防措施

装配式混凝土工程影像档案可以为隐蔽工程提供见证依据，有利于促进安全、质量及进度的实时控制，为安全教育培训、技术经验交流提供形象教材。

1. 需要形成影像档案的环节

装配式混凝土工程需要形成影像档案的环节包括预制构件生产和现场施工的重要环节，包括但不限于以下环节：

（1）预制构件混凝土浇筑前的隐蔽工程验收（图 16-11）。

（2）预制夹芯保温板拉结件安装全过程（图 16-12）。

▲ 图 16-11　预制构件混凝土浇筑前隐蔽　　　　　▲ 图 16-12　预制夹芯保温板 FRP 拉结件安装完成
工程验收

（3）施工现场后浇混凝土隐蔽工程验收。

（4）灌浆作业全过程。

（5）相关试验的全过程，包括：灌浆套筒连接接头抗拉强度试验、预制构件结构性能检验等。

（6）新型预制构件、大型预制构件以及异形预制构件首件制作、装车、运输及吊装的全过程。

（7）新技术、新材料、新工法的应用过程。

2. 影像档案常见问题

（1）环节遗漏。没有对应形成影像档案的所有环节进行拍摄，或者没有全数形成影像档案，如只对部分预制构件隐蔽工程验收进行拍摄。

（2）效果达不到要求。由于拍摄人员水平欠佳，或者对应形成影像档案的主体内容及用途不清楚，导致影像档案效果达不到要求。

（3）没有及时收集归档。影像档案往往需要多人拍摄，尤其是预制构件工厂，拍摄后没有专人负责收集、整理、归档，导致影像档案缺失。

3. 影像档案问题预防措施

（1）总承包单位或施工单位、预制构件工厂都应制定影像档案管理制度和工作流程，并建立影像档案清单目录。

（2）影像档案应由专人负责组织协调，多人拍摄时，应由专人及时收集汇总。

（3）对影像档案拍摄人员应进行交底，明确拍摄意图、拍摄方法及注意事项等。

（4）影像档案拍摄后应由专人检查拍摄效果，并进行分类建档、存档。影像档案应有备份。

（5）拍摄器材应能够满足影像档案效果要求，视频资料应采用专用视频拍摄设备。

（6）影像档案一般以电子文档形式存档，如有需要也可转化为纸质文档形式存档。